U0923416

高效种植致富直通车

玉米病虫害诊断与防治

商鸿生　王凤葵　编著

机械工业出版社

本书系统介绍了当前玉米在生产过程中常见的病虫害，包括23种病害、16种（类）害虫和害螨。本书内容侧重病虫害的田间诊断和防治，对每一种病害都介绍了症状、病原物、发生规律和防治方法等，对害虫、害螨则介绍了为害特点、形态特征、发生规律和防治方法。本书选用了139张彩色照片，清晰地展现了病害症状和害虫形态，有助于读者准确地诊断和识别。

本书适合种植户、植保人员、农技推广人员及农药种子营销人员使用，也可供农林院校相关专业的师生参考阅读。

图书在版编目（CIP）数据

图说玉米病虫害诊断与防治/商鸿生，王凤葵编著. —北京：机械工业出版社，2017.4（2023.1重印）

（高效种植致富直通车）

ISBN 978-7-111-56074-6

Ⅰ.①图… Ⅱ.①商… ②王… Ⅲ.①玉米-病虫害防治-图解 Ⅳ.①S435.13-64

中国版本图书馆CIP数据核字（2017）第029185号

机械工业出版社（北京市百万庄大街22号 邮政编码100037）

总 策 划：李俊玲 张敬柱　　策划编辑：高 伟 郎 峰

责任编辑：高 伟 郎 峰 孟晓琳　责任校对：张 力 佟瑞鑫

北京虎彩文化传播有限公司印刷

2023年1月第1版第3次印刷

140mm×203mm·4.625印张·121千字

标准书号：ISBN 978-7-111-56074-6

定价：39.80元

电话服务　　网络服务

客服电话：010-88361066　　机 工 官 网：www.cmpbook.com

010-88379833　　机 工 官 博：weibo.com/cmp1952

010-68326294　　金 书 网：www.golden-book.com

机工教育服务网：www.cmpedu.com

高效种植致富直通车
编审委员会

序

园艺产业包括蔬菜、果树、花卉和茶等，经多年发展，园艺产业已经成为我国很多地区的农业支柱产业，形成了具有地方特色的果蔬优势产区，园艺种植的发展为农民增收致富和“三农”问题的解决做出了重要贡献。园艺产业基本属于高投入、高产出、技术含量相对较高的产业，农民在实际生产中经常在新品种引进和选择、设施建设、栽培和管理、病虫害防治及产品市场发展趋势预测等诸多方面存在困惑。要实现园艺生产的高产高效，并尽可能地减少农药、化肥施用量以保障产品食用安全和生产环境的健康离不开科技的支撑。

根据目前农村果蔬产业的生产现状和实际需求，机械工业出版社坚持高起点、高质量、高标准的原则，组织全国20多家农业科研院所中理论和实践经验丰富的教师、科研人员及一线技术人员编写了“高效种植致富直通车”丛书。该丛书以蔬菜、果树的高效种植为基本点，全面介绍了主要果蔬的高效栽培技术、棚室果蔬高效栽培技术和病虫害诊断与防治技术、果树整形修剪技术、农村经济作物栽培技术等，基本涵盖了主要的果蔬作物类型，内容全面，突出实用性，可操作性、指导性强。

整套图书力避大段晦涩文字的说教，编写形式新颖，采取图、表、文结合的方式，穿插重点、难点、窍门或提示等小栏目。此外，为提高技术的可借鉴性，书中配有果蔬优势产区种植能手的实例介绍，以便于种植者之间的交流和学习。

本丛书针对性强，适合农村种植业者、农业技术人员和院校相关专业师生阅读参考。希望本丛书能为农村果蔬产业科技进步和产业发展做出贡献，同时也恳请读者对书中的不当和错误之处提出宝贵意见，以便补正。

中国农业大学农学与生物技术学院

前言

玉米是重要的粮食作物、饲料作物、工业原料作物和能源植物，在国民经济发展中具有非常重要的地位。我国是世界第二大玉米生产国，玉米种植面积连年增长，至2012年已超过水稻，跃居粮食作物中的第一位。玉米的生产安全直接影响到我国粮食作物生产能力的稳定和提升。

玉米又是病虫害富集的作物，病虫害种类多，危害重，防控要求高。近年来随着玉米品种的更替、栽培新技术的推广和气候变化，玉米病虫害发生态势也发生了变化。值得我们密切关注的有三方面的变动趋势。第一，曾长期得到控制的大斑病、小斑病、丝黑穗病等一批病虫害，在局部地区又复猖獗。第二，一些病虫害的发生规律有了明显的改变。以大害虫黏虫为例，我国黏虫的主害作物由小麦演变成玉米，严重发生世代从1代黏虫演变为2代和3代黏虫，各世代危害范围也在不断扩大。第三，一批次要病虫害发展成了主要病虫害，诸如锈病、灰斑病、弯孢霉叶斑病、顶腐病、二点委夜蛾、双斑萤叶甲、玉米耕葵粉蚧、蓟马、叶蝉、飞虱、叶螨等。本书在编写过程中因应了这些变化，尽量做了详细介绍。

农作物病虫害的田间诊断是一门实用技术，在掌握了病害症状和害虫形态后，借助清晰的彩色照片，可以达到迅速识别常见病虫害的目的。但是，对于新发现的病虫害，应当在田间工作的基础上，进一步进行病原物或害虫属种的鉴定。

推广种植抗病杂交种是防治玉米病害的关键技术。玉米品种的抗病程度取决于品种本身、病原菌、环境条件和鉴定技术等多种因素，同一品种往往有不同的评价。品种抗病性又是相对的，可以变化的。病原菌生理小种的变化，可能导致抗病品种失效。

遗憾的是，我国玉米主要病害生理小种的鉴定，或者尚未开展，或者缺乏连续性和系统性，还不能满足需求。鉴于此，本书没有全面收录各地品种抗病性鉴定或调查的结果。

同样，影响农药防治效果和保产效果的因素也很多。在信息畅通的今天，读者不难发现，各方面推荐的农药种类和用药量并不一致，有的还相差很大。本书针对病虫害介绍了相适用的防治药剂及其施用剂量，这些仅供参考。各地在进行药剂防治时应遵循一条基本原则，即凡是未曾用过的药剂（不论是老品种还是新品种），都应先通过试验或少量试用，明确其药效及药害，再建立适宜的施药技术。

在本书编写过程中，编者参考了大量文献和网上资源，谨此一并表示感谢。囿于编者的学识和经验，本书可能存在缺陷或错误，切望广大读者不吝指正。

编著者

目　录

一、玉米病害

1. 大斑病 >>>>>

大斑病是玉米的主要病害和重点防治对象，分布于全世界各玉米栽培区。我国玉米大斑病的发生普遍且严重，主要流行于东北、华北春玉米区和南方山区。大斑病可以使玉米叶片枯死，减弱光合作用，果穗短小秃尖，籽粒干瘪。一般年份会因大斑病减产20%左右，严重流行年份减产50%以上。20世纪70年代以后，由于选育和推广使用了抗病杂交种，大斑病得以控制。21世纪以来，大斑病的发生又呈上升趋势，局部地区成灾。

【症状】

大斑病主要危害玉米叶片，严重时也危害叶鞘和苞叶。叶片上初生青绿色病斑（图1-1），浸润性扩展，随后发展成为梭形大斑（图1-2），多数病斑长5～10cm，宽1～2cm，有的病斑更长，甚至纵贯叶片，呈灰褐色或黄褐色，有时病斑边缘褪绿。病斑上可能生有不规则轮纹（图1-3）。两个或多个病斑可连接汇合成不规则斑块，造成叶片干枯。高湿时病斑表面生出灰黑色霉层(图1-4)，为病原菌的分生孢子梗和分生孢子。在叶鞘和苞叶上，可生成长形或不规则形暗褐色斑块(图1-5)，其表面也产生灰黑色霉层。

图1-1　青绿色病斑

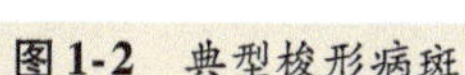
图1-2　典型梭形病斑

图1-3　有轮纹的病斑

图1-4　病斑上生有黑色霉层

图1-5　苞叶上的病斑

抗病品种叶片上的病斑则有所不同。中度抗病类型的病斑窄条梭形，小而窄，褐色，边缘为黄绿色。在高抗品种的叶片上，仅生褪绿小斑点，后稍扩大，成为窄小梭形斑，黄绿色，有褐色坏死部分，其上不产生或很少产生孢子。

【病原菌】

病原菌为大斑凸脐蠕孢（*Exserohilum turcicum*），是一种无性型真菌，其有性态为子囊菌。

大斑凸脐蠕孢菌丝体褐色。分生孢子梗单枝，褐色，有隔膜，基胞膨大为球形或桶形，单生或几枝丛生。分生孢子梭形，多胞，茶褐色，中央最宽，向两端逐渐变窄，端孢椭圆形或喙状，基胞圆锥形，脐点明显突出。分生孢子从两端萌发。

该菌有两个专化型，即玉米专化型和高粱专化型。玉米专化型只侵染玉米，高粱专化型侵染高粱、苏丹草、约翰逊草、玉米等。玉米大斑病菌有致病性分化现象，可依据对 *Ht* 抗病基因的毒性来区分生理小种。小种变化可导致品种抗病性失效。

【发生规律】

玉米大斑病菌主要以菌丝体随散落田间的病残体越冬，春季在病残体上产生分生孢子，由风雨传播，着落到玉米叶片上，产生初侵染。若冬季温度较高，病残体上的分生孢子、分生孢子梗也能越冬。大斑病菌的分生孢子随气流传播的距离较远，因而村庄内外堆积的玉米病残体，也能起提供初侵染菌源的作用。病原菌的分生孢子在适宜的温湿度条件下，发芽生出芽管，芽管前端分化产生附着胞，附着胞产生侵入菌丝，从叶片的气孔侵入，也可以直接穿透叶片的表皮而侵入。在一个生长季节中，可发生多次再侵染，发病叶位逐渐提高，病情不断加重。

玉米大斑病多发生于温度较低、湿度较高的地区，因而我国东北、西北、华北北部春玉米区和南方山区春玉米区病害发生较重。大斑病菌分生孢子萌发和侵入的适温为 20～27℃，最适温度为 23℃，在 3℃以下和 35℃以上基本不能侵入。病斑上产生孢子的适温为 20～26℃，最适温度为 23℃，在 5℃以下和 35℃以上基本不产生孢子。无论孢子产生还是孢子萌发，都需要 90%以上的湿度或叶面有露水。在北方春玉米产区，6～7 月的降雨量是影响大斑病发病程度的关键因素。例如，吉林省若6月和7月的雨量都超过80mm，雨日较多，加之8月雨量适中，则为重病年。若这两个月的雨量和雨日都少，尤其7月的雨量低至40mm以下，那么即使8月雨量适中，仍为轻病年。

玉米连茬地和靠近村庄的地块，越冬菌源量多，初侵染发生得早而多，再侵染频繁，发病率较高。若肥水管理不良，玉米植株生育后期脱肥，则抗病性降低，发病加重。

大面积栽培感病品种是大斑病流行的重要因素。20世纪由于种植感病杂交种维尔156、维尔42、中杂22、双新1号等，造成了大斑病流行。生理小种类型改变，会使相应的抗病品种丧失抗病性。如2号小种的出现，使带有*Ht*1抗病基因的丹玉13号丧失了抗病性。

【防治方法】

防治大斑病以种植抗病杂交种为主，配合使用可减少菌源，加强栽培管理与药剂防治等措施，实行综合防治。

1）种植抗病杂交种。选育抗病自交系，配制抗病杂交种是防治大斑病的基本措施。对大斑病的抗病性有两类，即单基因抗病性（*Ht*基因）和多基因抗病性，抗病育种所利用的主要是单基因抗病性。应密切注意大斑病菌生理小种变化，及时调整亲本自交系，配制抗病杂交种，并实行抗病品种合理布局，避免形成大范围品种单一化的局面。

2）减少菌源。要实行轮作倒茬，避免玉米连作。要深耕翻地，压埋病残体，搞好田间卫生，及时清除或封闭村庄内外堆积的玉米秸秆。不要用病残体制作农家肥。有些地方在发病早期，大面积摘除植株底部病叶，这种方法也可以减少菌源，推迟中、上部叶片发病。

3）加强栽培管理。夏玉米适期早播可缩短后期高温多雨的发病适期，起到避病效果。提倡增施基肥，适量分期追肥，防止后期脱肥，使植株生长健壮，提高其抗病性。玉米与大豆、小麦、花生、马铃薯、甘薯等矮秆作物套种间作，或实行宽窄行种植，都可以改善通风透光条件，降低田间湿度，减轻发病。要合理灌溉，低洼地及时排水，防止内涝。

4）喷药防治。在玉米抽雄前后，田间病株率达70%以上，病叶率在20%时开始喷药，可供选用的药剂有50%多菌灵可湿性粉剂500倍液、50%甲基硫菌灵可湿性粉剂600～800倍液、40%克瘟散乳油800倍液、75%百菌清可湿性粉剂500～800倍液、70%代森锰锌可湿性粉剂500～800倍液、50%异菌脲可湿性粉剂1000～1500倍液、25%三唑酮可湿性粉剂2000倍液、25%丙环唑乳油2000～2500倍液、10%苯醚甲环唑水分散粒剂1500～2000倍液、30%苯甲·丙环唑悬浮剂2000～4000倍液等。一般每间隔7～10天（三唑类药剂间隔时间要延长）喷药1次，共喷2～3次。

多种新杀菌剂对大斑病有优良的防治效果和保产效果。18.7%嘧菌酯·丙环唑悬乳剂在玉米7叶期或大喇叭口期喷施，每亩（1亩≈666.7m^2）用药10g（有效成分），25%吡唑醚菌酯乳油每亩用药8g（有效成分），75%肟菌·戊唑醇水分散粒剂每亩用药15～20g。

2. 小斑病 >>>>>

小斑病是玉米的重要病害，分布广泛，主要发病区域是7至8月平均温度高于25℃的玉米栽培区。20世纪70年代以后，由于推广了抗病杂交种，我国基本控制了小斑病。近年来由于品种更替和气候变化，在一些地区小斑病又复流行，并渐趋严重。小斑病主要引起玉米叶枯，导致减产。感病品种在中度流行年份减产10%～20%，在大流行年份减产30%以上。

【症状】

小斑病主要危害玉米叶片，也危害叶鞘和苞叶，植株底部叶

片首先发病，逐渐向中上部蔓延。

在感病品种叶片上，病斑呈梭形、椭圆形，病斑两端圆或尖，呈黄褐色至褐色，边缘深褐色至紫褐色，病斑较小，一般长5～10mm，宽3～4mm，扩展受叶脉限制（图1-6）。有时病斑上出现不甚明显的轮纹（图1-7）。小斑病病斑密集时可连接成片，使叶片干枯，在高湿条件下病斑表面产生黑色霉状物。

图1-6 小斑病的普通病斑

图1-7 略有轮纹的病斑

在高度感病品种的叶片上，产生椭圆形或纺锤形大型病斑，其扩展不受叶脉限制，病斑为灰褐色或黄褐色，无明显的深色边缘（图1-8）。高度感病品种叶斑周围或两端可能出现暗绿色浸润性扩展部分，造成病叶局部萎蔫（图1-9）。在抗病品种叶片上，产生黄褐色坏死小斑点，基本不扩大，周围有明显的黄绿色晕圈，病斑数量增多后，病叶也可能变黄枯死，但不呈萎蔫状。

小斑病菌T小种侵染具有T型细胞质的玉米后，叶片、叶鞘、苞叶均可受害，产生大型病斑，叶片上的病斑长可达10～20mm，苞叶上生成直径2cm的大型圆斑。T小种还侵染果穗，引起穗腐。

图1-8 感病品种的大型病斑

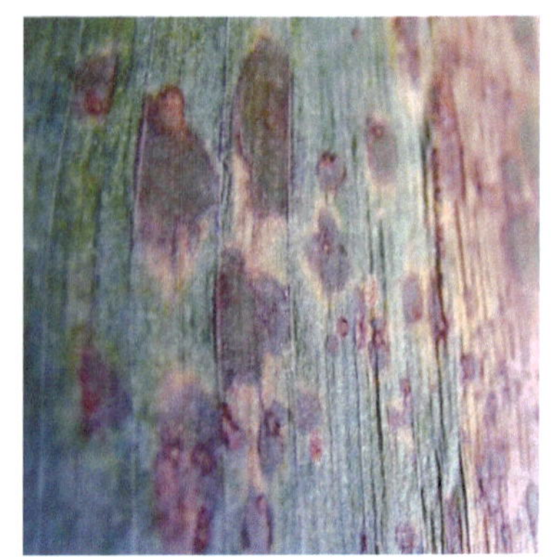

图1-9 浸润性扩展的病斑

【病原菌】

病原菌为玉蜀黍平脐蠕孢（*Bipolaris maydis*），是一种无性型真菌，其有性型为子囊菌。

该菌菌丝体褐色，分生孢子梗多隔膜，表面光滑，单生或丛生，屈膝状。分生孢子纺锤形、长椭圆形，直或稍微弯，多胞，茶褐色，两端圆锥形，基胞半球形，中央或距基部1/3处最宽，脐点平截或略突出。分生孢子从一端或两端细胞萌发。

小斑病菌菌丝发育适温为28～30℃，最低10℃，最高35℃；分生孢子形成适温为20～30℃，最低8℃，在30℃以上产孢减少；孢子萌发适温为26～32℃，5℃以下和42℃以上很难萌发。

【发生规律】

小斑病菌主要以菌丝体和分生孢子随病叶越冬，但分生孢子越冬存活率较低。收获后遗落在田间的病残体和村庄内外堆积的玉米残体提供主要的初侵染菌源。玉米种子也能带菌传病。在一个生长季节内，病株产生的分生孢子，借风雨分散传播，发生多次再侵染。玉米从苗期到成熟期均可发病，通常玉米下部叶片最先发病，以后逐渐向植株中、上部叶片和周围植株扩展，玉米抽雄后进入发病盛期。

小斑病的适温比大斑病高，因而夏玉米地区小斑病发生较重。小斑病流行的关键时期，长江以北为7~8月，长江以南为8~9月。关键月份的日均气温超过25℃，适于小斑病流行。实际上，历年关键月份的温度变化不大，基本上都能满足小斑病的发生，因而降雨量和空气相对湿度就成了决定小斑病流行程度的关键因素。在关键月份降雨量高、降雨次数多、相对湿度高，小斑病发病就重。例如，河北省若7~8月降雨量为500mm左右，≥0.1mm的雨日数在30天以上（或≥10mm的雨日数在10天以上，≥25mm的雨日数在5天以上），则感病品种发病重，中感或中抗品种发病中度偏重；若7至8月降雨量为350mm左右，≥0.1mm的雨日数在25天左右（或≥10mm的雨日数在10天以下，≥25mm的雨日数在5天以下），则感病品种发病中度偏重，中感或中抗品种中度发病或中度偏轻；若7~8月降雨量为200mm左右，≥0.1mm的雨日数在20天以下（或≥10mm的雨日数在5天以下，≥25mm的雨日数在3天以下），则感病品种发病中度偏轻，中感或中抗品种发病轻。

除了气象因素外，栽培管理情况也有着重要影响。玉米重茬连作、播种过迟、施肥不足、抽雄后脱肥、排灌失当、土质黏重、田间积水等都能使发病加重。

玉米品种间的抗病性有明显差异，大面积种植遗传基础单一的感病杂交种，使小斑病菌致病小种迅速增长，导致小病斑大发生。

【防治方法】

同大斑病一样，防治小斑病以种植抗病杂交种为主，配合使用减少菌源，加强栽培管理与喷药防治等措施，实行综合防治。

1）选配和种植抗病杂交种。鉴选抗病自交系，选配抗病杂交种是防治小病斑的主要措施。黄淮海地区抗小斑病的品种有郑单958、鲁单981、沈单16、苏玉20等；西南地区有川单418、雅玉889、贵单8号、登海11号等；北方地区有哲单37、辽单505等；南方地区有新美夏珍等。另据河南省鉴定，抗病自交系有自330、Mo17、E28、黄早四等；抗病杂交种有郑单958、浚单20、漯玉336、豫单606等。

由于小斑病菌具有多个小种，同一品种在不同地方发病程度可能不同。为了防止因小种区系变化而引起品种抗病性的变异，应使抗源多样化，并搞好品种合理布局，防止品种单一化。

2）栽培防治。重病田要实行轮作倒茬，在玉米收获后，要彻底清除田间病残株，及时耕翻，播种前尽量处理完村边地头堆放的玉米秸秆，不要用病残体制作农家肥。要合理密植，实行间作套种，降低田间湿度。要加强栽培管理，施足底肥，增施氮、磷肥，及时中耕和灌水，防止植株后期脱肥。发病后应及时摘除植株底部2~3片病叶，携出田外销毁。

3）药剂防治。在玉米心叶末期至吐丝期，病情扩展前开始喷药，喷药前最好先摘除底部病叶。可供选用的药剂有70%代森锰锌可湿性粉剂500~800倍液、75%百菌清可湿性粉剂600倍液、50%异菌脲可湿性粉剂1000~1500倍液、50%多菌灵可湿性粉剂500~600倍液、70%甲基硫菌灵可湿性粉剂800倍液、40%克瘟散乳油800倍液、25%三唑酮可湿性粉剂2000倍液、12.5%烯唑醇可湿性粉剂3000~4000倍液、10%苯醚甲环唑水分散粒剂1500倍液、50%氟啶胺悬浮剂2000倍液等。若喷后24h内遇雨，应当在雨后立即补喷。

注意 部分地区的玉米小斑病菌已对甲基硫菌灵、多菌灵、烯唑醇等药剂产生了较强的抗药性，导致防治效果降低。所以不要长期使用单一品种药剂，要轮换或交替使用具有不同有效成分的药剂。同时要加强病原菌抗药性监测，淘汰失效药剂。

3. 圆斑病

圆斑病在国内最早发现于吉林省，在 20 世纪六七十年代，因吉 63 自交系高度感病，使圆斑病多次流行。之后东北、华北、西北、西南的一些省区陆续报道了圆斑病的发生。通常玉米因此病减产在 10% 以内，但部分感病或高感品种可严重发生，造成较大损失。

【症状】

圆斑病菌侵染玉米叶片、叶鞘、苞叶和果穗。在叶片上产生褐色病斑，因小种和品种不同，病斑的形状和大小有明显差异。吉 63 玉米染病后通常产生近圆形、卵圆形病斑，略具轮纹，中部浅褐色，边缘褐色，有时具黄绿色晕圈，长径 1～3mm，大的可达 3～5mm（图 1-10）。有的品种病叶上产生狭长形、近椭圆形病斑，中部黄褐色，边缘深褐色，病斑狭窄，2 个或 3 个病斑可首尾相连（图 1-11）。还有的小种产生较狭长条形斑、同心轮纹斑等。圆斑病的病斑在高湿条件下也会形成黑色霉层。

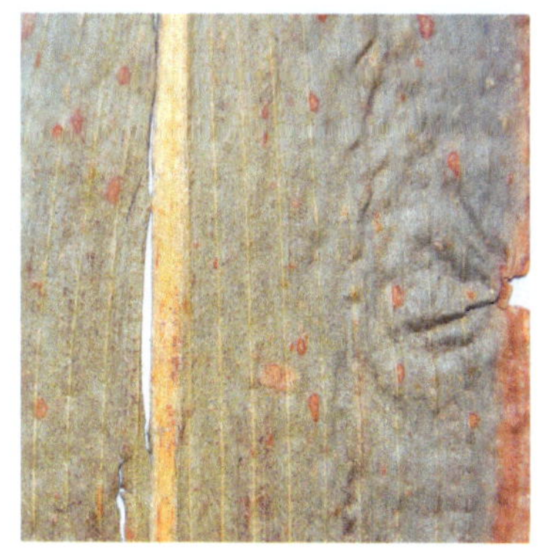

图 1-10 吉 63 玉米的圆斑病病斑

图 1-11 相连成串的病斑类型

果穗发病仅见于吉63等少数玉米自交系。苞叶上也产生褐色病斑，近圆形或不规则形，可有轮纹和黑色霉层（图1-12），但也有表面没有霉层的。病果穗的部分籽粒或全部籽粒与穗轴都发生黑腐，果穗变形弯曲，籽粒变黑干瘪，不发芽。果穗表面和籽粒间长出黑色霉状物。

图1-12 果穗苞叶染病症状

【病原菌】

病原菌为玉米生平脐蠕孢（*Bipolaris zeicola*），这是一种无性型真菌，其有性型为子囊菌。除玉米外，该菌还可侵染高粱、大麦、水稻及多种禾本科草。

现已报道玉米圆斑病菌有5个小种，我国有其中3个小种。1号和2号小种主要分布于东北地区，3号小种主要分布于西南地区。

【发生规律】

圆斑病菌主要以菌丝体随病残体在地面和土壤中越冬。种子也能带菌传病，病原菌以菌丝体潜藏在种子内部，也能以菌丝体和孢子附着在种子外表，种子之间还混杂有病叶碎片。

第二年春季，越冬病原菌生出分生孢子，随风雨传播而侵染玉米。在一个生长季节可发生多次再侵染。病原菌首先侵染玉米植株的下部叶片，陆续扩展到上位叶片、苞叶和果穗。玉米苗期就可被侵染，但一般在喇叭口期至抽雄期始发，灌浆期至乳熟期盛发。

对于感病品种，气象条件是决定发病程度的重要因素。7～8月高温多雨，田间湿度大的年份发病重，而干旱少雨的年份发病轻。遗留病残体多的重茬田块、低洼多湿田块、单施追肥而后期脱肥的田块发病都较重。适当晚播的，果穗抽出时已躲过高温多雨季节，因而比早播的发病轻。施足基肥，适当追施氮肥的田块发病也轻。

玉米自交系和杂交种的抗病性有明显差异。圆斑病菌有多个生理小种，需加强监测，了解小种区系的变化。

【防治方法】

1）种植抗病品种。抗圆斑病的自交系和杂交种有二黄、铁丹8号、英55、辽1311、吉69、武105、武206、齐31、获白、H84、017、吉单107、春单34、荣玉188、正大2393和金玉608及其他。虽然在推广品种中不乏抗病杂交种，但由于各地病原菌小种不同，在鉴选和推广抗病品种时一定要注意小种差异。

2）栽培防治。要搞好田间卫生，及时清除田间病残体，深埋秸秆，施用不含病残体的腐熟的有机肥，播种不带菌的健康种子。要加强水肥管理，降低田间湿度，培育壮苗、壮株。在发病初期及时摘除病株底部的病叶。

3）药剂防治。播种前用15%三唑酮可湿性粉剂按种子重量的0.3%进行拌种，在发病初期喷施杀菌剂，具体方法参见玉米大斑病和小斑病的药剂防治。

4. 灰斑病 >>>>>

玉米灰斑病又称尾孢叶斑病，分布于世界各玉米栽培区。我国在辽宁省首先发现，20世纪90年代已成为东北玉米产区的重要病害。目前该病已遍布南北各玉米栽培区，在西南高海拔地区，灰斑病的危害已超过大斑病，成为玉米最重要的病害。灰斑病可使病株叶枯，玉米减产10%～40%，高感品种的重病田减产可达50%以上。

【症状】

灰斑病菌主要危害玉米叶片，也侵染叶鞘和苞叶。发病初期在叶脉间形成圆形、卵圆形褪绿斑，扩展后成为黄褐色至灰褐色的近矩形、矩形条斑，局限于叶脉之间，与叶脉平行（图1-13）。成熟的矩形病斑中央灰色，边缘褐色，长5～20mm，宽2～3mm（图1-14）。高湿时病斑两面生灰色霉层，背面尤其明显，此时病斑灰黑色，不透明。病斑可相互汇合（图1-15），形成大斑块，造成叶枯。苞叶上出现纺锤形或不规则形大病斑，病斑上有灰黑色霉层。

图1-13 灰斑病扩展中的病斑

龙书生 摄

图1-14 典型矩形病斑

龙书生 摄

图1-15 病斑汇合

提示 玉蜀黍尾孢与玉米尾孢两菌侵染引起的症状相似，但玉蜀黍尾孢侵染形成的叶斑有明显的褐色边缘线，而玉米尾孢的病斑则没有。

【病原菌】

病原菌主要是玉蜀黍尾孢（*Cercospora zeae-maydis*），是无性型真菌，其有性型为子囊菌。该菌菌丝体浅色，产生子座。分生孢子梗生在子座上，长达180μm，浅褐色至褐色，有隔膜，屈膝状，产孢痕明显。分生孢子呈倒棍棒状至近圆柱形，多胞，无色至浅色。

在云南省等地还发现了另一种致病菌——玉米尾孢（*Cercospora zeina*），其分生孢子梗较短，一般不超过100μm，分生孢子宽纺锤形。该菌现分布于云南省、贵州省、四川省、陕西省西部和南部，以及河南省南部。

【发生规律】

灰斑病菌主要随玉米病残体越冬。在干燥条件下保存的玉米病残体中，病原菌的菌丝体、分生孢子梗、分生孢子和子座都能顺利越冬。在潮湿条件下，病原菌只能在田间地表的病残体中越冬，但至第二年5月初已基本丧失生活力。在埋于土壤中的病残体中，病原菌不能越冬存活。玉米种子也能带菌传病。

越冬病原菌在适宜条件下产生分生孢子，分生孢子随气流和雨滴飞溅而传播。着落在玉米叶片上时，若叶片上有水膜，分生孢子便萌发，产生芽管和侵入菌丝，从气孔侵入。玉米发病后，病斑上又产生分生孢子梗和分生孢子，分生孢子随风雨传播后进行再侵染。在一个生长季节中，发生多次再侵染。

有人认为，夏季季风对灰斑病在我国的传播扩散起着重要作用。从云南省进境的灰斑病菌随夏季季风迅速向北偏东方向传播，对中国春玉米主产区构成重大威胁。

灰斑病多在抽雄期开始发生。在辽宁省玉米产地，病害始发期为7月上旬，陕西省南部则在6月下旬至7月上中旬。植株下部衰老叶片首先发病，以后发病叶位逐渐上移。8月中下旬至9月上旬达到发病盛期。灰斑病的流行程度取决于天气条件。若气温较低（20~25℃）、雨水多、空气湿度高达90%以上，灰斑病将严重发生，而温度高且干旱则抑制病害流行。温暖、湿润的山区和沿海地区灰斑病多发。在云南省玉米栽培区，同一玉米品种随着海拔增高而病情加重，在海拔1800m以上，发病最重，产量损失最大，海拔1500~1800m的区域次之，海拔1500m以下发病较轻。

许多栽培因子也会影响灰斑病的发生。在沈阳地区，早播发病较重，晚播发病较轻；岗地发病较轻，平地和洼地发病较重。土壤质地也有影响，一般壤土发病较轻，沙土和黏土发病都较重。增施肥料能不同程度地减轻病害，而施用氮肥少、植株生长后期脱肥的地块发病较重。免耕或少耕的田块，病残体积累多，发病也较重。间作套种比清种玉米发病轻。

玉米品种间抗病性有明显差异，种植感病品种是灰斑病流行的前提条件。我国玉米抗病育种一向以抗大斑病和小斑病为主要目标，遗传基础较狭窄，所以要尽快改变。

【防治方法】

1）选育和种植抗病品种。选育玉米抗病自交系，组配抗病杂交种是防治灰斑病最经济有效的方法。已知抗病自交系有齐319、中自01、9046、冲72、J599-2、沈137、多黄29、CNl 65、丹599、丹黄25、79532、598、中吉846、M017Ht等。带有热带或亚热带血缘的玉米自交系具有较高的抗病性。

在现有杂交种中，也有一些表现不同水平的抗病性。据辽宁省自然发病鉴定，抗病的杂交种有丹中试61、丹3079、丹3034、辽306、辽9505、沈9728等。据云南省鉴定，高抗灰斑病的品种有屯玉7号、海禾1号和海禾2号；抗病品种有北玉2号、海禾28号、SB2421、罗单7号、罗单9号。在陕西商洛，兼抗灰斑病、大斑病、丝黑穗病的杂交种有陕单2001、正大999、奥利10号、农科大8号、丹玉69号；兼抗灰斑病、大斑病的有现代1号、长单48号、华玉5号；高抗灰斑病、中感大斑病的有安森7号、安玉2166；中感灰斑病，但高抗或中抗大斑病的有潞玉6号、陕单22号。据其他地方报道，沈单10号、农大108、丹玉26、豫玉22、豫玉18、济单7号等杂交种也抗病。

2）农业防治。要及时秋翻春耙，清除田间地表的病残体。合理间作套种，改善田间通风透光条件，降低湿度，施足底肥，及时追肥。在病叶率达20%左右时，摘除病株2～3片底叶，再追肥、中耕。

3）药剂防治。在发病初期喷施杀菌剂，有效药剂有80%代森锰锌可湿性粉剂600～800倍液、70%甲基硫菌灵可湿性粉剂800～1000倍液、80%多菌灵可湿性粉剂800～1000倍液、25%丙环唑乳油2000倍液、10%苯醚甲环唑水分散粒剂1000倍液、40%双胍三辛烷基苯硫磺酸盐可湿性粉剂1000～1500倍液等。连续用药2～3次，喷药时，最好先从玉米下部叶片向上部叶片喷施。另据试验，喷施75%肟菌·戊唑醇水分散粒剂（15g/亩），或300g/L苯醚甲环唑·丙环唑乳油（30ml/亩），效果也很好。

5. 弯孢霉叶斑病 >>>>

弯孢霉叶斑病是20世纪80年代中期以后，随着高感玉米杂交种的推广而猖獗的玉米病害，主要分布于东北、黄淮海等玉米主产区，在其他玉米产区也有局部发生。病株叶片自下而上相继枯死，果穗瘦小，结实率降低，籽粒不饱满，感病品种一般减产20%～30%，发病严重的减产50%以上。

【症状】

弯孢霉叶斑病菌危害玉米叶片、叶鞘和苞叶。病叶上初生浅黄色半透明小斑点，水浸状，有时不甚明显（图1-16）。扩展后成为圆形、椭圆形病斑，直径仅1～2mm，高感病品种可达5mm左右（图1-17）。仔细观察可见病斑中央为灰白色或黄褐色，周围有较宽的深褐色至红褐色坏死环带，最外围是黄色晕圈，半透明（图1-18）。严重发生时整个叶片满布病斑，造成叶枯。在潮湿条件下，病斑两面产生灰黑色霉层，叶背尤其明显。

图1-16 弯孢霉叶斑病初期病斑

图1-17 成熟病斑

图1-18 病斑特征

【病原菌】

病原菌为新月弯孢（*Curvularia lunata*）或同属其他种类，

为无性型真菌，有性型为子囊菌。

病原菌菌丝体褐色至深褐色，产生黑色子座。分生孢子梗单枝，直或弯，深褐色，有隔膜。分生孢子宽椭圆形、楔形或倒卵形，3～4个隔膜，浅褐色至深褐色，多弯曲，两端细胞色较浅，中部2～3个细胞较大，色泽较深。该菌寄主广泛，除玉米外，还常引起水稻、高粱、禾本科牧草的叶斑病或种子霉烂。

【发生规律】

病原菌以菌丝体与分生孢子在秸垛或散布地表的病残体中越冬，成为主要初侵染菌源。在埋于土壤内的病残体中，病原菌存活时间较短，多不能延续到下一个生长季。病原菌还可在堆肥中的病残体上存活越冬。玉米种子也能带菌传病。

春季在适宜的温湿条件下，病残体中的菌丝体恢复生长，产生分生孢子梗和分生孢子。分生孢子借气流和雨水传播，着落在玉米叶片上，在适宜条件下分生孢子迅速萌发，产生侵入菌丝，侵入叶片。在一个生长季节中有多次再侵染，病情不断加重。

高温、高湿的天气有利于弯孢霉叶斑病流行。玉米苗期少见发生，9～13叶期发病增多，抽雄期正值高温多雨季节，发病率剧增，病叶叶位升高。高温、高湿、多雨、多露的天气条件有利于发病。连作地，低洼积水地，以及种植过密、偏施氮肥或后期脱肥的田块发病较重。

玉米品种间的抗病性差异明显。以黄早四为亲本的玉米杂交种扩大种植后，弯孢霉叶斑病渐趋严重。

【防治方法】

1）选用抗病品种。据报道，自交系中沈137、武125、P136、P138、征8、齐319、78599、8085泰、87－1等都是高抗弯孢霉叶斑病品种。在各省栽培的杂交种中，四密25、丹玉26、丹玉30、沈单10号（沈试29）、沈单14号（沈试30）、农大108、农大951、鲁单50、鲁单981、掖单12号、济单7号、郑

单7号、郑单14号、郑单23号、豫玉18、金来99、单玉13号、韩丰79等表现抗病。

2）栽培防治。收获后应及时清除病株残体，集中焚烧处理，要深翻灭茬，减少初侵染菌源。要合理密植，改善田间通风透光条件，合理排灌，防止田间渍水。应加强栽培管理，施足底肥，增施有机肥，及时追肥，防止后期脱肥，抽雄前后水分要供应充足，以保证病株需求，减轻损失。

3）药剂防治。在发病初期喷施50%多菌灵可湿性粉剂500倍液、50%甲基硫菌灵可湿性粉剂600倍液、80%代森锰锌可湿性粉剂600～800倍液、75%百菌清可湿性粉剂500～600倍液、50%退菌特可湿性粉剂1000倍液、80%炭疽福美可湿性粉剂600倍液，或25%丙环唑乳油2000倍液等。有的地方在发病率10%时开始喷药，间隔7～10天后再喷第二次药，连续用药2～3次。喷施丙环唑时，两次喷药需间隔14～15天。喷药时要重喷喇叭口，也可用药液在大喇叭口期灌心。

注意 局部地区发生的玉米眼斑病症状与本病相似，某些除草剂引起的药害也与本病叶斑形态相似，要注意鉴别区分。

6. 褐斑病 >>>>

褐斑病是玉米的常见病害，在全国各玉米产区都有发生，通常在南方高温高湿地区危害较重。近年黄淮海夏玉米区因主栽品种感病，田间菌源增多，致使褐斑病流行，已成为玉米生长中、后期的重要病害。主要危害果穗以下的叶片、叶鞘，可造成叶片局部或全叶干枯，一般减产10%上下，严重时达30%以上。

【症状】

本病发生在玉米叶片、叶鞘、茎秆和苞叶上。叶片上病斑圆

形、近圆形或椭圆形，小而隆起，直径仅1mm左右（发生在中脉上的，直径可达3~5mm），常密集成行，成片分布(图1-19)。病斑初为黄色，水浸状，后变黄褐色、红褐色至紫褐色。后期病斑破裂，散出黄色粉状物（病原菌的休眠孢子囊）。病叶片可能干枯或纵裂成丝状。

茎秆多在节间发病，叶鞘上出现较大的紫褐色病斑，边缘较模糊，多个病斑可汇合形成不规则形斑块，严重时，整个叶鞘变紫褐色腐烂（图1-20）。果穗苞叶发病后，症状与叶鞘相似。

图1-19 褐斑病叶片症状

图1-20 褐斑病叶鞘症状

境外还发现该菌能引起严重的茎腐症状。病株茎基部第一节或第二节变黑褐色腐烂，致使病部开裂、折断，病株倒伏。

【病原菌】

病原菌为玉米节壶菌（*Physoderma maydis*）。该菌菌体单细胞，有细胞壁，多核。玉米节壶菌可在寄主体外或体内寄生。外寄生阶段时间短，菌体在寄主体外，产生细短的假根伸入寄主细胞内。菌体膨大后转变成长椭圆形或卵圆形的薄壁孢子囊或配子囊，释放出体形较小的游动孢子或游动配子。同型游动配子成双结合形成合子，合子萌发后侵入寄主，在寄主体内发育成不定形的菌体，进入内寄生阶段。菌体间有丝状假根相连，菌体膨大后转变为球形休眠孢子囊，从囊盖开口释放出体形较大的游动孢子。

【发病规律】

褐斑病菌以休眠孢子囊在土壤或病残体中越冬。第二年休眠孢子囊随风雨传播，萌发产生游动孢子，游动孢子萌发产生侵入丝，侵入玉米幼嫩组织。玉米多在喇叭口期始见发病，抽穗至乳熟期为显症高峰期。

病原菌的休眠孢子囊萌发需有水滴和较高的温度（23～30℃）。高温、高湿、长时间降雨适于发病。南方发病较重，北方夏玉米栽培区若6月中旬至7月上旬降雨多，湿度高，发病相应增多。

实行玉米秸秆直接还田后，田间地面散布较多病残体，侵染菌源增多，发病趋重。植株密度高的田块，地力贫瘠、施肥不足、植株生长不良的田块，发病都较重。

玉米自交系和杂交种间抗病性有明显差异。黄淮海夏玉米区大面积种植的郑单958、鲁单981等杂交种高度感病。据调查，自交系黄早4、掖478、塘四平头、改良瑞德系等高度感病，用感病自交系组配的杂交种也感病。高感品种连作，土壤中菌量逐年增加，就导致了褐斑病的流行。

【防治方法】

1）栽培防治。收获后彻底清除病残体，及时深翻。重病田块可实行3年以上轮作。要选用抗病品种，合理密植。降雨后要及时采取排水降湿措施，防止田间积水。要施足基肥，适时追肥，实行配方施肥，防止偏施氮肥。

2）药剂防治。在玉米5～8叶期，喷施25%三唑酮可湿性粉剂1500倍液、10%苯醚甲环唑水分散粒剂1500倍液等。

7. 南方锈病 >>>>>

南方锈病是玉米的重要病害，原本多发生在广东、广西、海南、台湾等高温多湿的南方省区，20 世纪 90 年代后期，曾在黄淮海夏玉米栽培区南部大流行，近年来逐渐向北扩展。南方锈病主要危害夏、秋玉米，病叶干枯，病田一般减产 20% ~30%，严重的达 80% 以上。

【症状】

南方锈病主要侵染玉米叶片，初生褪绿小斑点，很快发展成为黄褐色突起的疱斑，即病原菌夏孢子堆。夏孢子堆密集生于叶片正面（图 1-21），叶片背面仅有少量夏孢子堆。夏孢子堆圆形或卵圆形，较小，长 0.2 ~1mm，橙黄色至黄褐色，覆盖夏孢子堆的表皮开裂不明显（图 1-22）。感病品种叶片上的夏孢子堆较大；抗病品种叶片上的较小，夏孢子堆周围组织枯死或褪绿（图 1-23）；近免疫品种仅有微小枯斑，不产生夏孢子堆。发病后期在夏孢子堆附近散生冬孢子堆。冬孢子堆深褐色至黑色，周边出现暗色晕圈，表皮多不破裂。

图 1-21 南方锈病发病叶片

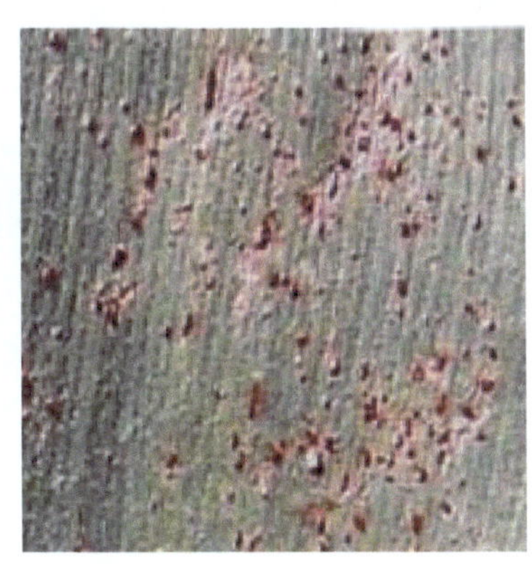

图 1-22 南方锈病的夏孢子堆

【病原菌】

图 1-23 抗病品种的夏孢子堆

南方锈病的病原菌是多堆柄锈菌（*Puccinia polysora*），是一种担子菌。该菌夏孢子球形、近球形，浅黄色至金黄色，表面有细刺。该菌是专性寄生菌，不能脱离寄主植物而存活，有多个生理小种。

【发生规律】

病原菌的转主寄主不明，在栽培条件下，依靠夏孢子侵染不同地区、不同茬口的玉米，完成周年循环。南方终年有玉米生长，锈病可以在各茬玉米之间接续侵染，辗转危害。北方玉米发病的初侵染菌源来自南方，是随高空气流远距离传播而来的夏孢子。空中夏孢子高峰出现提早，锈病盛发期也提早，致使发病加重。

病株产生的夏孢子随风雨传播扩散，在一个生长季节中发生多次再侵染，发病率不断升高，由点片发生发展到普遍发病。高温（25～32℃）、多雨、重露、高湿、寡照的天气条件适于南方锈病发生。地势低洼、排水不畅、密度过大、通透性差、过量施用氮肥的地块发病较重。

玉米杂交种和自交系间的抗病性有明显差异，大面积种植感病杂交种是南方锈病流行的主要诱因。郑单 958、掖单 2 号、掖单 4 号、掖单 12、掖单 13、西玉 3 号、铁单 12、铁单 15、吉单 209、吉单 342、屯玉 2 号等杂交种都表现感病。黄早四、5003、自 330、478、8112 等主要自交系也感病。该菌有生理小种分化，同一杂交种或自交系对不同的小种抗病性也不同。

【防治方法】

1）种植抗病杂交种。据各地测定，鲁单 50、农大 108、中

原单32、鲁单981、农大381等杂交种抗病。要不断鉴选抗病自交系，配制抗病杂交种，但要避免大面积推广同一抗源的杂交种，实行抗病种质的合理布局。病原菌有多个生理小种，应监测小种变化，防止因小种改变而使杂交种抗病性失效。

2）栽培防治。提倡适期播种，合理密植，实行配方施肥和健身栽培，适当增施磷、钾肥，增施锌肥，喷施玉米健壮素等叶面营养剂，增强抗病性。雨后要及时排水，防止渍水，降低田间湿度。锈病常发区可适当压缩夏、秋玉米种植面积，扩种春玉米，以避开夏孢子传入高峰期。

3）药剂防治。在田间发病初期或出现锈病传病中心时，喷施杀菌剂。有效药剂有15%三唑酮可湿性粉剂1500~2000倍液、25%三唑酮可湿性粉剂2000~2500倍液、12.5%烯唑醇可湿性粉剂4000倍液、25%丙环唑乳油3000~4000倍液，或30%苯醚甲环唑·丙环唑（爱苗）乳油3000~4000倍液等。具体施药次数和施药时间，依据当地锈病发生动态确定。

8. 普通锈病

普通锈病是玉米的重要病害，因发生的适温相对较低，主要分布在东北、西北和华北北部一带，但近年有扩展危害的趋势。病株叶片受损，产量降低，感病品种一般减产10%~20%，严重的田块减产50%以上，有的甚至因病绝收。

图1-24　病叶上初生褪绿斑

【症状】

普通锈病主要危害玉米叶片和叶鞘，有时也侵染苞叶。病部初生褪绿斑点（图1-24），以后变为褐色的隆起疱斑，即病原菌的夏孢子堆（图1-25）。普通锈病的夏孢子堆较大，椭圆形或长椭圆形，隆起，深褐色、咖啡色，分布于叶片两面，但叶片正面较多。夏孢子堆初期覆盖寄主表皮，呈灰色，后期表皮大片破裂，散出黄褐色粉末状物，为病原菌的夏孢子（图1-26）。后期产生黑色的冬孢子堆，长椭圆形，长1～2mm。

图1-25 叶片上生出夏孢子堆

图1-26 夏孢子堆形态

【病原菌】

普通锈病的病原菌是高粱柄锈菌（*Puccinia sorghi*），属于担子菌门。该菌夏孢子近圆形或椭圆形，顶端圆，单胞，黄褐色，表面有细刺。冬孢子长椭圆形、圆筒形，双胞，黑褐色，表面光滑，生在浅褐色长柄上。该菌有致病性分化现象，存在多个小种。

【发生规律】

锈菌是专性寄生菌，只能在寄主上存活，脱离寄主后，很快死亡。在自然条件下，普通锈病病原菌的转主寄主是酢浆草。玉米上产生的冬孢子越冬后萌发，产生担孢子，担孢子侵染酢浆草，在酢浆草上相继产生性孢子和锈孢子。锈孢子侵染玉米，玉米发病后产生夏孢子堆和夏孢子。夏孢子释放后，随气流扩散传播，继续侵染玉米。在整个生长季节，可发生数次至十余次再侵染，酿成锈病流行。至生长季末期，在玉米上又产生冬孢子，进入越冬。

在栽培条件下，病原菌以夏孢子侵染不同地区、不同茬口的玉米，完成周年循环，转主寄主不起作用。在南方，终年有玉米生长，锈病可以在各茬玉米之间接续侵染，辗转危害。北方玉米发病的初侵染菌源来自南方，是随高空气流远距离传播的夏孢子。

温度适中、多雨高湿的天气适于普通锈病发生，气温16℃～23℃，相对湿度100%时发病重。对普通锈病感病的品种较多，例如丹玉13、铁单8号、掖单12、掖单2号、掖单4号、掖单13、西玉3号和沈单7号等。但抗病性多是小种专化的，锈菌小种区系改变，品种抗病性也随之变化。

【防治方法】

防治玉米普通锈病需采取以种植抗病品种为主的综合防治措施。病原菌有多个生理小种，抗病自交系的选育和杂交种选配都是针对特定小种的，因此必须监测小种变化。在发病早期应喷药控制传病中心，在病叶率达到6%后全田喷药防治，有效药剂参见南方锈病。

9. 茎基腐病 >>>>

茎基腐病又名茎腐病或青枯病，是玉米的重要病害。茎基腐病是由多种病原菌单独或复合侵染所引起的腐烂性病害，病原菌的种类和组成不尽一致。在我国，茎基腐病特指镰刀菌和腐霉菌侵染引起的根、茎病害。病株根部和茎基部腐烂，叶片黄枯或青枯。种植感病杂交种时，严重发病年份病株率高达50%～60%，减产25%以上，有的甚至绝收。

【症状】

病株初生根、地下节根（不定根）、地下茎腐烂，根短小，表皮松脱，须根和根毛减少（图1-27）。有时病根明显发红。病株地上支撑根变褐色，腐烂，地上茎的基部初生形状不规则的褐色病斑，随后全面腐烂变软（图1-28）。茎秆腐烂从地表和基部第一节开始向上发展，一般扩展到第二节和第三节，有时中、上部茎秆也有病变。病茎薄壁组织最后腐烂殆尽，仅残留游离的丝状维管束，甚至成为空腔。用手指按压茎基部可明显感知内部空松。因茎秆腐烂松软，病株易倒伏。在高湿条件下，病部表面生白色或粉红色霉状物（图1-29），剖茎检查茎内可见白色或红色菌丝体（图1-30）。在病残秆表面可形成蓝黑色的小粒点，即病原镰刀菌的子囊壳（图1-31）。

图1-27 地下节根和地下茎病变

图1-28 茎基部和支撑根病变

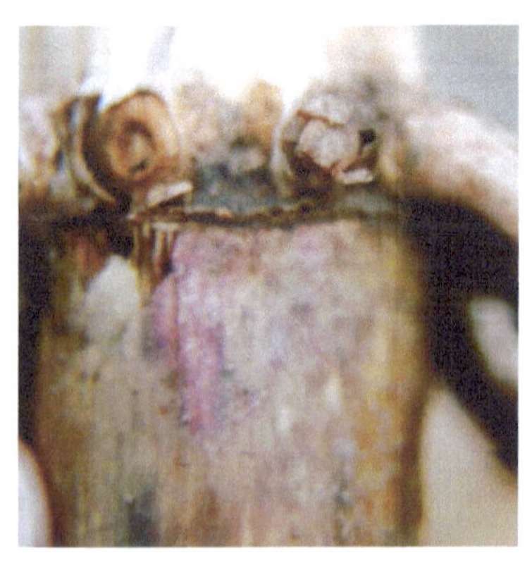
图1-29 病茎表面产生霉状物

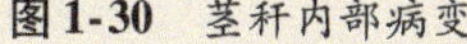

图1-30　茎秆内部病变

图1-31　茎秆表面的子囊壳

因根部和茎秆发病腐烂，阻滞水分和营养物质输导，病株叶片自下而上变色枯死。通常病株叶片逐渐变黄，缓慢干枯（图1-32）。在玉米品种感病，环境条件特别有利时，病株叶片自下而上迅速青枯，叶片水渍状，灰绿色。

图1-32　病株黄枯

病株果穗苞叶变色青干，松散，果穗柄软化，果穗下垂，穗轴柔软，籽粒干瘪。

【病原菌】

国内玉米茎基腐病大多是镰刀菌和腐霉菌复合侵染引起的，以镰刀菌为主。镰刀菌是无性型真菌，产生分生孢子，其有性型为子囊菌。引起茎基腐病的主要种类有禾谷镰刀菌（*Fusarium graminearum*）、轮枝状镰刀菌（*Fusarium verticillioides*）、胶孢镰孢菌（*F. subglutinans*）和层生镰孢菌（*F. proliferatum*）等。晚近镰刀菌种的分类多有变动，国内引起茎基腐病的镰刀菌种类需要鉴定澄清。

腐霉菌属于卵菌，引起茎腐病的有肿囊腐霉（*Pythium inflatum*）、瓜果腐霉（*P. aphanidermatum*）、禾生腐霉（*P. graminicola*）及其他种类。

【发生规律】

玉米茎基腐病是以土壤带菌、根部侵入为主的病害。病原菌以分生孢子或菌丝体随病残体、土壤或种子越冬，成为第二年的初侵染菌源。

病原菌在玉米生长的各个时期均能从根部侵入，引起根腐，然后进一步扩展，进入茎基部。从玉米灌浆期开始，地上部有明显表观病变，乳熟末期至腊熟期为显症高峰期。如果遇到适合的天气条件，久旱高温，突遇暴雨并且雨后暴晴，就会迅速发病。从始见病叶到全株发病，一般仅一周左右，长的可达15天以上。

玉米杂交种之间的抗病性有明显差异，大面积种植高度感病品种是茎基腐病流行的主要原因。栽培条件对发病也有重要影响。玉米连作地，土壤中病原菌累积数量大，发病较重。播期变化对茎基腐病发生有较大影响，过早播种的玉米较晚播玉米发病重。土壤贫瘠、肥力不足的地块，以及氮肥施用过多的地块发病较重，增施有机肥和磷、钾肥的地块发病较轻。在西北干旱半干旱地区推广全膜双垄沟播玉米后，膜下湿度和温度升高，茎基腐病可提早和加重发生。

【防治方法】

以种植抗病杂交种为主，栽培防治和药剂防治为辅，实行综合防治。

1）选育和种植抗病杂交种。各栽培区都已选配出抗病或轻病的杂交种。例如，在河南省，浚单509抗病，豫单606、金赛

38 和浚单 3136 中度抗病，怀玉 5288、桥玉 8 号、XY046、正玉 10、黎乐 66、伟科 702 和浚单 29 等耐病。耐病品种发病后产量损失率低。由于各地引起茎基腐病的病原菌种类有所差异，应在了解当地病原菌区系的基础上，选用适宜的抗病杂交种。

2）栽培防治。病田应与水稻、大豆、花生、马铃薯、蔬菜或其他作物轮作 2 ~ 3 年，防止土壤中病原菌逐年积累。玉米收获后应及时彻底清除病株残体，减少第二年初侵染菌源。要合理调整播期，春玉米、套种玉米和夏玉米适期晚播都能减少茎基腐病的发生。低洼地应搞好排水，降低田间湿度。要依据地力和品种特性合理密植，增施农家肥和钾肥。在玉米拔节期增施氮、磷、钾复合肥可以增强植株抗倒性，减轻或推迟发病。严重缺钾地块，每公顷可施用硫酸钾 100 ~ 150kg，一般缺钾地块每公顷施用 75 ~ 105kg。有的地方在发病初期，及时扒开茎基部四周的土壤，降低湿度，待发病盛期过后再培好土。

3）药剂防治。可用 25% 三唑酮可湿性粉剂，按种子重量 0.2% 的用药量拌种，50% 多菌灵可湿性粉剂，按种子重量 0.2% ~0.3% 的用药量拌种，也可用 70% 甲基硫菌灵可湿性粉剂 500 倍液浸种。20% 福・克悬浮种衣剂按药种比 1:（40 ~ 50）进行种子包衣，可兼治地下害虫。2.5% 咯菌腈种衣剂可用 150 ~ 200mL 药剂，包衣种子 100kg，也可用 3.5% 咯菌・精甲霜悬浮种衣剂进行种子包衣。

初发病时可喷施 50% 多菌灵可湿性粉剂 600 倍液、70% 甲基硫菌灵可湿性粉剂 800 倍液、64% 噁霜・锰锌（杀毒矾）可湿性粉剂 400 ~ 500 倍液，或 15% 三唑酮可湿性粉剂 2000 倍液等。

10. 全蚀病 >>>>

全蚀病最早于 1986 年在辽宁省发现，现分布在北方春玉米区和夏玉米区的局部地区。病原菌侵染玉米根部和茎基部，致使植株叶片黄枯早衰，影响结实和籽粒灌浆成熟，严重的还造成茎秆松软倒伏。据测定，轻病植株平均减产 5%，中度发病的平均减产 10% ~15%，重病的平均减产 20% ~30%。

【症状】

苗期和成株期都可发病。幼苗种子根和次生根根皮相继腐烂，变褐色或黑褐色。但由于玉米次生根不断再生，根系发达，地上部症状不明显。

灌浆期以后，玉米次生根停止生长，病株地上部症状逐渐明显。病株下部叶片首先变黄，以后自下向上逐渐变黄，类似干旱、缺肥的症状。叶片变色由叶尖和叶片边缘开始，向叶片内部、基部和茎部扩展，直至全叶变黄褐色，干枯。一般病株早枯 15 ~20 天。

病株根部变栗褐色或黑褐色，腐烂，须根和根毛大量减少。当根系的病根数量达到 1/3 以上时，地上部叶片表现枯黄。重病植株根系可能全部腐烂。病株茎秆松软，易折断倒伏。玉米收获后，病原菌的匍匐菌丝继续在根内发展集结，形成菌丝层，使根皮变黑发亮，并向根基延伸（图 1-33）。在茎基节叶鞘内侧和茎秆上产生黑色颗粒状突起物，即病原菌的子囊壳（图 1-34）。

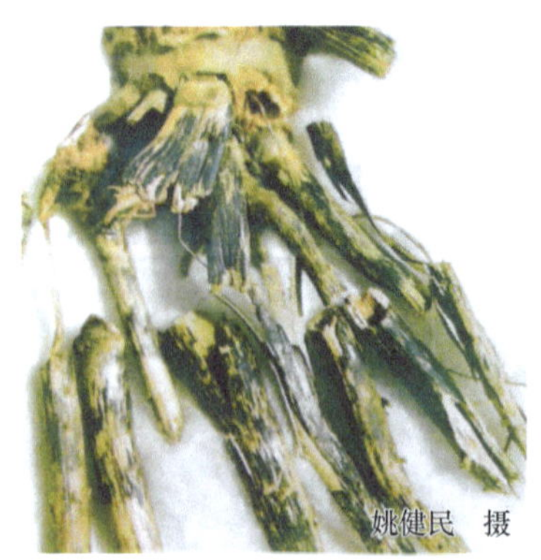

图 1-33 全蚀病症状

图 1-34 病原菌的子囊壳（扩大）

【病原菌】

病原菌为禾顶囊壳玉米变种（*Gaeumannomyces graminis* var. *maydis*），是一种子囊菌。该菌子囊壳梨形，壳壁厚，黑褐色，生于寄主组织内，后期外露，喙短，圆筒形，有栗褐色毛绒状菌丝围生。子囊棍棒形或圆筒形，顶壁厚，中有孔道，周围有一个亮环结构，柄短。子囊孢子 8 个，丝状，直或微弯，4～8 胞，无色或浅黄色。禾顶囊壳还有其他变种，有的也能侵染玉米。

【发生规律】

在春玉米栽培区，全蚀病菌主要以菌丝体随病根茬在土壤中越冬，侵染下一季玉米。病原菌随根茬在土壤中至少可存活 3 年。在有机肥中和玉米种子间混杂的病株残体，也可能带菌传病。全蚀病菌在玉米的整个生育期都可以侵染，但以苗期侵染为主。病原菌多由种子根侵入，向次生根扩展蔓延。5～6 月病情发展较缓慢，7～8 月后随着气温升高和雨量增多，病情发展迅速。

农田生态条件是决定发病程度的主要因素。玉米连作，土壤中积累的病原菌数量增多，此后数年发病，将逐年加重。清除田间带病玉米残茬，可有效减少菌源，减轻发病。禾顶囊壳玉米变种对玉米的致病性最强，也能侵染高粱、谷子、小麦、大麦、水稻和多种禾草，但对水稻的致病性弱，不侵染燕麦和大豆。与非寄主作物轮作，可减轻发病。

全蚀病的发生与土壤肥力和植株营养状态有密切关系。合理施肥有补偿病株养分，增强植物抗病性和调节土壤微生物区系等多方面作用。有机质含量高的土壤，全蚀病发病轻，施用有机肥多，发病有所减轻。在增施有机肥，氮肥、磷肥合理配合的基础上，施用适量的钾肥，有增产防病作用。

土壤湿度高，透气性好，有利于病菌生长和侵染。沙土透气性好，全蚀病发生较重。洼地土壤湿度较高，发病重于平地，而平地发病又重于坡地。

玉米全蚀病菌在5～30℃范围内都能生长，以25℃最适。高温高湿有利于侵染发病。7～9月多雨年份发病较重。

【防治方法】

1）种植发病较轻的杂交种。当前还没有抗全蚀病的品种，但自交系、杂交种之间的感病程度仍有差异。在普遍发病区可推广种植耐病、轻病、抗旱、抗倒伏的杂交种。据报道，沈单1号、丹玉14号、旅丰1号、复单2号、铁单8号、掖单4号、掖单13号、东岳20号等发病较轻。

2）栽培防治。轮作是防治全蚀病最有效的措施之一，重病田块可与大豆或其他非禾本科作物轮作；病田应及时深翻整地，清除病根茬；要加强肥水管理，增施有机肥，合理配合施用氮、磷、钾肥（1:0.5:0.5）。

3）药剂防治。可用种子重量0.2%～0.3%的25%三唑酮可湿性粉剂，或15%三唑醇（百坦）拌种剂干拌种子。还可穴施3%三唑酮颗粒剂，每公顷用药22.5kg。三唑类杀菌剂在土壤墒情较差时，可能推迟和抑制出苗。为提高拌种的安全性，除了严格控制用药量外，还可保墒、造墒播种，或加大播种量。

11. 纹枯病 >>>>>

纹枯病是玉米的重要病害，南北各省都有分布。随着紧凑型玉米的推广种植，密植、高肥栽培的发展，以及多年连作，纹枯病发生逐渐加重。病株绿叶数减少，株高降低，茎秆变细，须根减少，籽粒霉烂，植株提前枯死。病田一般减产10%～35%，严重的减产50%以上。

【症状】

纹枯病从苗期到穗期都可发生，危害叶鞘、茎秆、叶片、果穗，导致鞘腐，茎秆解体，叶枯，果穗减小或腐烂。

最初由植株底部1～2节叶鞘开始发病，逐渐向上部发展。叶鞘上病斑椭圆形至不规则形，浅褐色或浅黄色，病健交界处界线模糊，多个病斑汇合连片后，成为大型云纹状斑块，中部为枯黄色或枯白色，边缘褐色（图1-35）。病株茎秆松软，组织解体。相连的叶片上产生类似云纹状病斑（图1-36）。病斑向上发展，可扩展到果穗，使穗轴、籽粒变褐腐烂。果穗的苞叶上也形成云纹状病斑（图1-37）。发病部位在高湿条件下长出稀疏的蛛丝状白色菌丝体，以后发展形成小菌核。小菌核近球形，初为白色，后变褐色，大小为（0.5～6.4）mm×（0.5～4）mm（图1-38）。

图1-35 纹枯病发病叶鞘

图1-36 发病叶片

图1-37 发病果穗

图1-38 纹枯病菌的小菌核

【病原菌】

引起玉米纹枯病的病原菌主要是立枯丝核菌（*Rhizoctonia solani*），其次是玉米丝核菌（*R. zeae*）和禾谷丝核菌（*R. cerealis*）。立枯丝核菌的AG-1-IA、AG-1-IB、AG-3、AG-4-HGI和AG-5等菌丝融合群都可以侵染玉米，其中AG-1-IA是优势类群。

丝核菌是一类无性型真菌。该菌不产生无性孢子，菌丝通常直角分枝，分枝处略缢细，邻近分枝处产生隔膜。

立枯丝核菌的寄主范围很广，可自然侵染15科的200余种植物，但不同植物上的病原菌可能分属于不同的菌丝融合群，致病性有所不同。

【发生规律】

病原菌以菌核在地表和浅层土壤中越冬，是第二年侵染玉米的主要初侵染菌源。另外，玉米种子和病残体也都带菌。菌核在干燥的土壤中可存活6年，在流动的活水中存活6个月左右。在长江下游地区，6月上旬菌核萌发，产生菌丝，主要侵染植株基部叶鞘，再逐渐向上部和四周扩展。病原菌还通过病株与健株叶片接触而传播，引起再侵染。7月初病株表面开始形成菌核，玉米收获时，大量菌核落入土壤。

纹枯病的流行受到玉米生育期和气象因素的影响。一般在喇叭口期开始发病，茎基部叶鞘上出现水浸状病斑，抽雄期开始扩展蔓延，吐丝期发展加快，危害加重，灌浆期至成熟期病情垂直上升最快，是造成危害的关键阶段。

玉米纹枯病菌喜高温，在温度较高、降雨多、湿度大的条件下，纹枯病病情持续发展，多晴少雨时发病减缓，久晴无雨时发病停滞。7~8月雨水多的年份发病重。

连作田菌源积累较多，发病比轮作田重。玉米清种田，通风透光较差，湿度高，比间作田发病重。洼地发病重，平地次之，岗地较轻。在高水肥条件下，玉米生长旺盛，加之种植密度加大，通风散湿不良，发病加重。

【防治方法】

1）选用抗病、耐病品种。玉米品种间发病有明显差异，但仍缺乏免疫和高抗品种。可尽量选用较抗病的品种及早熟、耐病、高产品种，以减轻损失。

2）栽培防治。玉米收获后及时清除田间病残体和杂草，深翻土壤。重病田应轮作倒茬，但应避免与高粱、谷子、水稻、麦类等作物轮作。要合理排灌，开沟排渍，降低地下水位和田间湿度，在低洼地块，玉米宜与矮棵作物间作，以改善田间通风透光条件，降低湿度。要合理密植，增施有机肥和钾肥，控制氮肥用量，培育壮株。

3）摘除病叶。在玉米心叶期和心叶末期分别摘除病叶，减少纹枯病菌的再侵染。摘叶时在茎秆发病部位涂抹井冈霉素药液，可杀灭残留病菌。

4）药剂防治。一般在抽雄期喷药，或者在拔节期与抽雄期各施药1次。可喷施5%井冈霉素水剂1000~1500倍液或40%

菌核净可湿性粉剂 1000～1500 倍液。重点喷布玉米植株基部，保护叶鞘。若已发病，也可剥除病鞘后施药。另法，每亩用药 200mL，拌过筛细土 20kg 制成药土，取少许药土点入玉米喇叭口内。

12. 顶腐病

顶腐病是我国玉米的一种新病害，辽宁、吉林、黑龙江、山东、河南、甘肃等省有发生。病株不能结实，或虽能结实，但果穗小，籽粒不饱满，产量降低。

【症状】

玉米从苗期到成株期都可发生顶腐病，症状复杂多样，尚未被完全认知。

苗期病株生长缓慢，变矮。中上部叶片边缘黄化，主脉一侧或两侧产生黄色条纹，叶片基部腐烂，仅存主脉，中上部完整，呈蒲扇状。新叶顶端腐烂，残缺不全，边缘有刀削状缺刻，变黄褐色。严重的病苗枯萎死亡。

成株期病株多矮小，顶部叶片短小，边缘变黄，皱褶扭曲，偏向一边（图 1-39）。有的在叶片基部或叶缘腐烂处出现缺刻，或大部脱落，残缺不全。有的病株上部叶片紧裹不展开，卷曲成牛尾状（图 1-40），或成鞭状直立（图 1-41）。有的顶端 4～5 叶尖端或全叶枯死。叶鞘和茎秆上有腐烂斑块，腐烂部分有害虫蛀道状裂口（图 1-42），剖面可见内部黑褐色腐烂，严重的成为空腔。高湿时，病部出现粉白色霉状物。病株根系不发达，主根短小，根毛多而细，呈绒状，根冠变褐腐烂。病株雄花扭曲，雌穗小甚至没有雌穗。

图1-39　顶部叶片畸形

图1-40　叶片卷曲成牛尾状

图1-41　叶缘腐烂脱落，上叶紧裹直立

图1-42　茎秆腐烂有裂口

【病原菌】

病原菌是亚黏团镰刀菌（*Fusarium subglutinans*），是无性型真菌，其有性型是子囊菌。

病原菌生长温度5～40℃，适温25～30℃，最适28℃。分生孢子萌发温度10～35℃，适温25～30℃。人工接菌时，病原菌能侵染玉米、高粱、苏丹草、谷子、小麦、水稻、珍珠粟等作物及狗尾草、马唐等禾草。

【发生规律】

病原菌在土壤、病残体和带菌种子中越冬，成为下一季玉米发病的初侵染菌源。种子带菌还可远距离传病，使发病区域不断扩大。病原菌多从伤口或茎叶幼嫩组织侵入，具有部分系统侵染的特征。病株产生的病原菌分生孢子还可以随风雨传播，进行再侵染。

高温高湿有利于顶腐病流行，低洼积水、土壤黏重、杂草丛生、管理粗放的地块发病较重，多年连茬种植，播种过早、过深以及水田改旱田的地块发病也重。山坡地、高岗地发病较轻。蓟马、蚜虫等危害会加重病害的发生。品种间发病有明显差异，许多高产品种感病，自交系K12发病尤其严重。

【防治方法】

1）种植抗病品种。玉米品种感病性有差异，在充分利用现有抗病和轻病品种的同时，应加强抗病种质资源的鉴选，加快抗病育种。

2）栽培防治。要在无病地区制种，建立无病繁种田，供应不带菌种子。要禁止使用病区、病田生产的种子，防止顶腐病菌随种子传播扩散。发病田块应行轮作，采取清除病残体、深耕、冬灌等减少菌源的措施。要结合间苗、定苗拔除病苗，在植株生长的中、后期，也要及时发现和清除病株。有的地方实行“剪叶促穗，辅助抽雄”的措施，对心叶扭曲的植株，用剪刀剪去包裹雄穗以上的叶片，使之正常吐穗。要及时中耕除草，加强肥水管理，在大喇叭口期要追施氮肥，增强生长势，减轻损失。

3）药剂防治。种子处理可用70%甲基硫菌灵可湿性粉剂，50%多菌灵可湿性粉剂等按种子重量0.4%的药量拌种，或用含有有效杀菌剂成分的种衣剂进行种子包衣。在玉米生长前期要及时喷施杀虫剂防治害虫。在田间出现零星病株时，可喷施50%多菌灵可湿性粉剂500倍液、70%甲基硫菌灵可湿性粉剂600～800倍液、80%代森锰锌可湿性粉剂600倍液、70%氢氧化铜（可杀得）可湿性粉剂2000倍液、58%甲霜灵·锰锌可湿性粉剂1000倍液、25%戊唑醇乳油3000～3500倍液、12.5%腈菌唑乳油2000～3000倍液等。另外，还可喷施适量叶面肥，促进植株生长和病株恢复。

13. 疯顶病 >>>>>

疯顶病原本是一种次要病害，由于品种更替与栽培制度的变化，近年来趋于普遍和严重，南北各玉米栽培地区都有发生。疯顶病是玉米的全株性病害，病株雌、雄穗增生畸形，结实减少，严重的颗粒无收。

【症状】

玉米全生育期都可发病，症状因品种与发病阶段不同而有差异。早期病株叶色较浅，叶片卷曲或带有黄色条纹（图1-43），病株变矮，分蘖增多，有的株高不及健株的一半，分蘖多者可达6～10个。中后期常见叶片密集丛生，叶片着生紊乱，病株较正常植株高大，上部茎秆节间缩短，叶片簇生，叶片变厚，有黄色条

图1-43 疯顶病早期病株叶片

纹，不产生雌穗和雄穗（图1-44）。还有的病株心叶卷曲缠绕，直立向上，成牛尾状，但心叶卷曲成牛尾状还可由其他原因引起，应注意区分。

图1-44 疯顶病中后期病株叶片

抽雄以后常见雄穗增生畸形，小花变为变态小叶（图1-45），大量小叶簇生，使雄穗变为“刺猬状”或“绣球状”（图1-46）。雌穗也发生变态，有的病株雌穗不抽花丝，苞叶尖端变态，小叶

图1-45 雄穗小花叶化

图1-46 雄穗畸形绣球状

状簇生（图 1-47），有的籽粒位置转变为小叶，雌穗叶化，穗轴多节茎状（图 1-48）。也有的雌穗分化出许多小雌穗，无花丝，不结实。

图 1-47 雌穗苞叶端部小叶状

图 1-48 雌穗叶化

【病原菌】

疯顶病的病原菌是大孢指疫霉（*Sclerophthora macrospora*），是一种卵菌。

指疫霉的菌丝无色无隔，多核，在禾本科植物体内细胞间生，吸器伸入寄主细胞。孢子囊大型，柠檬形或倒梨形，顶端有乳突，单个着生于孢囊梗顶端。孢子囊萌发产生双鞭毛的游动孢子。藏卵器壁厚，棕褐色，有纹饰。卵孢子无色，平滑，卵孢子壁与藏卵器壁重合，可间接萌发，在芽管顶端形成一个孢子囊，再产生游动孢子。

大孢指疫霉侵染 140 余种禾本科植物，包括玉米、高粱、谷子、水稻、麦类、甘蔗等作物及多属禾草。侵染玉米、水稻和小麦的大孢指疫霉的形态、症状与致病性不同，可区分为 3 个变种，即玉蜀黍变种、水稻变种和小麦变种。

【发生规律】

玉米疯顶病是系统侵染的病害。病原菌主要以卵孢子在病残体或土壤中越冬。马唐草、蟋蟀草和稗草等禾本科杂草也是疯顶病的初侵染菌源。玉米播种后，在饱和湿度的土壤中，卵孢子萌发，相继产生孢子囊和游动孢子，游动孢子萌发后侵入寄主。高温高湿时，孢子囊萌发后直接产生芽管而侵入。玉米幼芽期是适宜的侵染时期，病原菌通过玉米幼芽鞘侵入，在病株体内系统扩展而发病。

病株种子带菌，可借以远距离传病，成为新病区的初侵染菌源。严重发病的植株结实很少，其籽粒的种皮、胚乳等部位都可能带有卵孢子和菌丝。在疯顶病病田中，外观正常植株所结出的籽粒，带菌率也很高，传病的危险性更大。在发病地区制成的玉米种子，完全有可能混有较多带菌种子。

玉米播种后到 5 叶期前，田间长期积水是疯顶病发病的重要条件。在玉米发芽期间田间淹水，最适于病原菌侵染和发病。田块低洼，土壤含水量高，或春季降雨多，发病较重。玉米自交系和杂交种之间抗病性差异明显。大面积种植感病杂交种是疯顶病多发的重要原因。

【防治方法】

1）选育和种植抗病品种。选配和使用抗病杂交种是基础防治措施。据各地调查，较抗病的有郑单 958、浚单 20、农大 364、沈单 7 号、中单 2 号、掖单 19 号、掖单 4 号等。

2）使用无病种子。要使用在无病地区制成的种子。不在发病地区、发病地块制种。不使用病田种子，不由发病地区调种。

3）加强栽培管理。发病田在玉米收获后应及时清除病株残体和杂草，集中销毁，并深翻土壤，促进土壤中病残体腐烂分解，或实行玉米与非禾本科作物轮作。玉米苗期要严格控制浇水量，防止大水漫灌，及时排除田间积水，降低土壤湿度。在玉米生长期间发现病株后，要及时拔除。

4）药剂拌种。每100kg玉米种子，可用35%甲霜灵可湿性粉剂200～300g拌种，干拌或湿拌均可。甲霜灵·锰锌、杀毒矾等其他杀卵菌剂也可用于拌种。

注意 疯顶病又名霜霉病，但玉米还发生多种霜指霉属卵菌侵染引起的病害，也称为霜霉病，不要混淆。

14. 瘤黑粉病 >>>>>

瘤黑粉病是玉米的主要病害之一，分布广泛，危害严重。病株生出瘤状菌瘿，破坏玉米正常生长发育和营养供应，造成减产。据测定，植株果穗以下茎秆发病，平均减产约20%，果穗以上发病，减产约40%，果穗上下都发病，减产约60%，果穗发病，减产约80%。此外，瘤黑粉病还能引起死苗和空秆。

【症状】

瘤黑粉病病株的主要症状是形成膨大的肿瘤，即病原菌的冬孢子堆。其形状和大小变化很大。肿瘤近球形、椭球形、角形、棒形或不规则形，有的单生，有的串生或叠生，小的直径不足1cm，大的长达20cm以上。肿瘤外表有白色、灰白色薄膜，内部幼嫩时肉质，白色，柔软有汁，成熟后变灰黑色，坚硬。肿瘤内含大量黑色粉末状的冬孢子，外表的薄膜破裂后，冬孢子分散传播。

玉米的雄穗、果穗、气生根、茎、叶、叶鞘、腋芽等部位均可生出肿瘤。叶片上肿瘤多分布在叶片基部的中脉两侧和叶鞘上，小而多，常串生，病部肿厚突起，成泡状，背面略有凹入（图1-49）。茎秆上的肿瘤常由各节的基部生出，多数是腋芽被侵染后，组织增生，形成肿瘤而突出叶鞘（图1-50）。在雄穗轴上，肿瘤常生于一侧，长蛇状或不规则形，雄穗上部分小花还可长出小型肿瘤，可聚集成堆（图1-51）。有时雄穗雌化并产生肿瘤（图1-52）。果穗上部分籽粒或整个果穗形成肿瘤（图1-53），更有的株顶形成肿瘤（图1-54）。

图1-49 叶片肿瘤

图1-50 茎秆肿瘤

图1-51 雄穗肿瘤

图1-52 雄穗雌化并产生肿瘤

图 1-53 果穗肿瘤

图 1-54 株顶肿瘤

【病原菌】

病原菌为玉蜀黍黑粉菌（*Ustilago maydis*），属于担子菌门黑粉菌属。冬孢子暗褐色，单胞，球形或椭球形，孢壁有细刺状突起。该菌仅侵染玉米和大刍草，但有明显致病性分化，存在多个生理小种。

【发生规律】

病原菌主要以冬孢子在土壤中或病株残体上越冬，成为第二年的侵染菌源。未腐熟堆肥中的冬孢子和种子表面污染的冬孢子也可以越冬传病。病田连作，收获后不及时清除病残体，施用未腐熟农家肥，都会使田间菌源增多，发病趋重。越冬后的冬孢子萌发产生担孢子，不同性别的担孢子结合，产生双核侵染菌丝，从玉米幼嫩组织直接侵入，或者从伤口侵入。在玉米整个生育期都可以侵染致病。早期形成的肿瘤产生冬孢子和担孢子，可随气流、雨水、昆虫分散传播，引起再侵染。

玉米瘤黑粉病是一种局部侵染的病害。病原菌在玉米体内虽能扩展，但通常扩展距离不长，在苗期能引起相邻几节的节间和叶片发病。

该菌冬孢子没有明显的休眠现象，成熟后遇到适宜的温、湿条件就能萌发。在北方，冬、春干燥，气温较低，冬孢子不易萌发，从而延长了侵染时间，提高了侵染效率，而在温度高、多雨高湿的地方，冬孢子易于萌发失效。

玉米抽雄前后遭遇干旱，抗病性受到明显削弱，此时若遇到小雨或结露，病原菌得以侵染，就会严重发病。玉米生长前期干旱，后期多雨高湿，或干湿交替，也有利于发病。遭受暴风雨、冰雹袭击，或发生严重虫害的田块，玉米伤口增多，发病趋重。种植密度过大、偏施氮肥的田块，玉米组织柔嫩，也有利于病原菌侵染发病。

玉米品种间的抗病性有明显差异，大致耐旱的品种、果穗苞叶长而紧裹的品种和马齿型玉米较抗病，甜玉米较感病。

【防治方法】

1）种植抗病杂交种。目前尚无免疫品种，较抗病的杂交种有掖单 2 号、掖单 4 号、中单 2 号、农大 108、吉单 342、沈单 10 号、沈单 16 号、酒单 3 号、酒单 4 号、郑单 958、鲁玉 16、掖单 22、聊 93 -1、豫玉 23、鑫玉 6 号、海禾 1 号等。

2）栽培防治。病田实行 2 ~3 年轮作，玉米收获后要及时清除田间病残体，秋季深翻。要施用充分腐熟的堆肥、厩肥。要适期播种，合理密植，加强肥水管理，均衡施肥，避免偏施氮肥，防止植株贪青徒长，缺乏磷、钾肥的土壤应及时予以补充，要适当施用含锌、含硼的微肥。抽雄前后适时灌溉，防止干旱。要加强玉米螟等害虫的防治，减少虫伤口。在肿瘤未成熟破裂前，要尽早摘除病瘤并深埋销毁。摘瘤应定期、持续进行，长期坚持，力求彻底。

3）药剂防治

① 种子处理：50% 福美双可湿性粉剂，按种子重量 0.2% 的用药量拌种，25% 三唑酮可湿性粉剂按种子重量 0.3% 的用药量

拌种。2%戊唑醇湿拌种剂用10g药，兑少量水成糊状，拌玉米种子3~3.5kg。3%苯醚甲环唑悬浮种衣剂按种子重量的0.3%进行包衣，6%戊唑醇悬浮种衣剂按种子重量的0.1%~0.2%进行包衣。

② 地表封闭：玉米播前或出土前用15%三唑酮可湿性粉剂750~1000倍液，或用50%克菌丹可湿性粉剂200倍液，进行地表喷雾，以减少初侵染菌源。

③ 植株喷药：在拔节期至喇叭口期，肿瘤未出现前，喷施三唑酮、烯唑醇等杀菌剂，兼治其他病害。

15. 丝黑穗病 >>>>>

玉米丝黑穗病分布广泛，以北方春玉米产区受害最重。由于推广种植高产抗病杂交种和采用综合防治措施，20世纪80年代以后丝黑穗病得到了全面控制。近年来在部分地区发病率有所回升，需要严密注意和加强防治。

【症状】

丝黑穗病危害果穗和雄穗，形成菌瘿，菌瘿内充满病原菌的冬孢子，并残留丝状维管束残余物，故名“丝黑穗病”。病株没有收成，发病率即为产量损失率。

图1-55　病株果穗变为菌瘿

病果穗不吐花丝，形状短胖，基部较粗，顶端较尖，苞叶完整，但果穗内部充满黑粉状物，后期苞叶破裂，露出黑粉，黑粉多黏结成块，不易飞散。黑粉间夹杂有丝状的玉米维管束残余（图1-55、

图1-56）。还有的病果穗失去原形，严重畸形，成“刺猬头”状。这是因为果穗上的颖片过度生长，变形成为管状长刺，丛生在果穗上。

图1-56 病果穗残留丝状物

雄穗有两种症状类型，一种是雄穗上单个小穗变为菌瘿。此时花器畸形，不形成雄蕊，颖片因受刺激而变为叶状，雄花基部膨大，内藏黑粉（图1-57）。另一种是整个雄穗变成一个大菌瘿，外面包被白色薄膜，薄膜破裂后黑粉外露，黑粉常黏结成块，不易分散（图1-58）。

图1-57 雄穗单个小穗成为菌瘿

图1-58 整个雄穗成为大菌瘿

早期发病的植株多数果穗和雄穗都表现症状，晚期发病的仅果穗表现症状，雄穗正常。雄穗发病的植株，多半没有果穗。

另外，玉米苗期还会出现多种全株性症状，表现病株矮小，节间短缩，弯曲，叶片簇生，叶腋都长出黑穗，有的病株分蘖异常增多，分蘖顶部长出黑穗。苗期症状多变而不稳定，可因品种、病菌、环境条件不同而发生变化。

【病原菌】

病原菌为丝孢堆黑粉菌玉米专化型（*Sporisorium reilianum* f. sp. *zeae*），属于担子菌门孢堆黑粉菌属。该菌冬孢子褐色，球形或近球形，表面有细刺。玉米丝黑穗菌仅侵染玉米，不侵染高粱，也存在多个生理小种。

【发生规律】

丝黑穗病菌的冬孢子混杂在土壤中、粪肥中或黏附在种子表面越冬。带菌土壤和粪肥是主要侵染菌源。冬孢子在田间土壤中可存活2~3年。用带菌病残体、病土沤肥，若未腐熟，冬孢子仍有侵染能力。用病秸秆做饲料，冬孢子经过牲畜消化道后，并不会完全死亡。

越冬后的冬孢子，在适宜条件下萌发，产生担孢子，不同性别的担孢子萌发后相互结合，产生侵染菌丝。丝黑穗病菌的主要侵入部位是胚芽鞘和胚根。从种子萌发到7叶期，病原菌都能侵入发病，到9叶期不再侵入。出土前的幼芽期是主要侵入阶段，芽长2~3cm时最易侵入。病原菌侵入后，菌丝系统扩展，进入生长锥，最后进入果穗和雄穗。丝黑穗病没有再侵染现象。

病田连作，施用未腐熟的带菌堆肥、厩肥都可导致菌量增加，发病加重。玉米种子萌发和出苗阶段的环境条件对侵染发病有重要影响，在地温13~35℃范围内，病原菌都能侵染，16~25℃为侵染适温，22℃时侵染率最高。土壤含水量在15.5%时发病率最高，土壤过干或过湿，发病率都能有所降低。

各茬玉米中以春玉米发病最重，麦套玉米次之，夏玉米较轻。播种早，地温低，幼苗生长缓慢，玉米易感阶段拉长，侵染率增高。

在玉米主产区轮作倒茬困难，多年连作，土壤中也积累较多病原菌，若种植高感品种或播种过早，遭遇低温，就会造成丝黑穗病大发生。

玉米品种间的抗病性有明显差异，曾广泛种植的白单 4 号、旅北、群单 105、陕单 1 号、陕单 7 号、张单 488、予双 5 号、郑单 2 号、京早 7 号、鲁原单 31、武单早、黄白单交等杂交种高度感病。

【防治方法】

防治丝黑穗病应采取综合措施，以栽培抗病品种为主，辅以减少菌量、促进出苗的栽培措施和种子药剂处理。

1）选育和栽培抗病品种。玉米自交系和杂交种之间的抗病性有明显差异，选配和栽培抗病杂交种是防治丝黑穗病的根本措施。

2）采取减少菌源的措施。病田停种玉米，实行 2～3 年轮作。不用病秸秆饲喂牲畜或积肥，提倡高温堆肥，施用净肥。发病田块要及时拔除病株。苗期表现典型症状的，结合除草在定苗前铲除病苗和可疑苗。苗期不显症状或症状不易识别时，在喇叭口期显症明显时，及时砍除病株。玉米抽穗后，在菌瘿中冬孢子成熟散落前，及时砍倒病株，割除病穗，携出田外深埋销毁。

3）加强苗期栽培管理。选用不带菌的优质种子，提高整地质量和播种质量，适期播种，播种深度一致，覆土厚度适宜，促进快出苗，出壮苗。有些地方在重病地采用幼苗扒土晒根技术，有明显的防病增产效果。该法是在幼苗一叶一心期至二叶一心期，用铁丝钩将苗埯周围的土松开后，再用手将土扒开，使幼苗地下茎在阳光下暴晒，10～15 天后将扒开的土复原。

4）种子药剂处理。最常用的种子处理方法是药剂拌种和种子包衣。25% 三唑酮可湿性粉剂用种子重量 0.3% 的药量拌种。为克服玉米种子表面光滑，干拌时不易黏附药粉的缺陷，可先用稀米汤、稀玉米糊或 0.5% 聚乙烯醇水溶液作为黏着剂，喷湿待拌药的种子，然后再加入药粉搅拌均匀。用 15% 三唑醇干拌种剂，每100kg玉米种子拌药400g。

用2%戊唑醇湿拌种剂或2%戊唑醇干拌种剂拌种，每100kg玉米种子用药剂400～600g（含有效成分8～12g）。用湿拌种剂拌种时，先按上述推荐剂量称出拌种所需的药剂，再按10kg种子用水150～200mL的比例，称出需用的水，将称出的药剂与水混合成糊状物。再将种子倒入并充分搅拌，拌好的种子放在阴凉处晾干后即可用于播种。

可用于防治丝黑穗病的种衣剂种类较多。2.5%咯菌腈悬浮种衣剂，包衣100kg玉米种子用药600～800mL，先将药剂用少量水稀释，然后均匀进行种子包衣。2%戊唑醇悬浮种衣剂，包衣100kg玉米种子用药400～500g。6%戊唑醇悬浮种衣剂，包衣100kg玉米种子用药100～150mL。300g/L灭菌唑悬浮种衣剂，包衣100kg玉米种子用药200mL。3%苯醚甲环唑悬浮种衣剂，包衣100kg玉米种子用药8.57～12g（有效成分量）。0.8%腈菌·戊唑醇悬浮种衣剂，包衣100kg玉米种子用药16～20g（有效成分量）。

三唑酮等三唑类杀菌剂对幼苗生长有一定抑制作用，可能推迟幼苗出土。特别是在低温多雨的天气条件下，受害幼苗往往不能出土，或晚出土10天以上。土壤含水量高、地温低、覆土过厚等都是产生药害的重要诱因。播种期间若低温多雨，应降低用药量，若出苗前遇雨，雨后要及时松土。有大雨或连阴雨天气时，应停止拌药。不同玉米品种对药剂敏感程度不同，也应注意。

16. 干腐病 >>>>

干腐病危害玉米果穗和茎秆，一般因病减产10%～20%，严重的达50%以上。国内局部地区发生较多。

【症状】

病原菌主要危害茎秆和果穗，分别引起茎腐和穗腐。病株茎基部4～5节或果穗附近的茎秆产生黑褐色或紫红色斑块，病茎腐烂，髓部破碎，易于倒伏。在茎秆与叶鞘间生有灰白色菌丝体和大量黑色小粒点。叶鞘上产生深褐色至紫红色斑块和黑色小粒点（图1-59）。叶片上产生长条形褐色病斑。病株在吐丝后可突然死亡，叶片枯凋变灰绿色。

病果穗的苞叶增厚皱缩，失绿褪色，生有形状不规则的浅黄色或浅紫色斑块，苞叶粘连，且紧裹果穗，不易剥离，苞叶之间及苞叶与果穗之间生满灰白色菌丝体。剥去苞叶，可见果穗下端或全穗籽粒变为暗褐色（也有的不变色），无光泽，籽粒表面及籽粒之间也长有灰白色菌丝体，籽粒与苞叶内侧生有黑色小粒点，即病原菌的分生孢子器（图1-60）。穗轴细、松，易折断。发病较轻的，籽粒不饱满或干瘪皱缩，发病较重的果穗变细或畸形，形成僵穗。

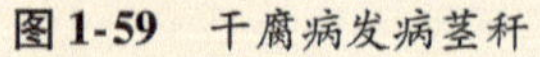

图1-59 干腐病发病茎秆

图1-60 干腐病发病籽粒

【病原菌】

引起干腐病的病原菌主要有玉米狭壳柱孢（*Stenocarpella maydis*）和大孢狭壳柱孢（*S. macrospora*），都是无性型真菌。两菌分生孢子器球形或梨形，近表皮生，器壁黑褐色，孔口突出。

分生孢子褐色，圆柱形或长椭圆形，两端钝圆，多数有 1 个隔膜。

还有一种近似的无性型真菌，即干腐壳色单隔孢（*Diplodia frumenti*），其分生孢子表面有纵纹。该菌引起的病害也称为“干腐病”，症状有所不同，发病籽粒和穗轴上都产生暗褐色菌丝体，严重时果穗变黑色，茎秆的髓部也变黑色。

【发生规律】

病原菌随病残体越冬，是病区的主要初侵染菌源。玉米种子也带菌传病，病原菌可随种子远距离传入无病区。果穗侵染多发生在开花期至成熟期，茎秆侵染也往往发生在生育后期，这期间若有连续阴雨，有利于病原菌侵染和发病。玉米生育前期干旱，后期高温多湿，发病更重。病田连作，种植密度偏高，土壤缺钾，发生虫害雹伤等皆有利于发病。

【防治方法】

1）栽培防治。病区要建立无病留种田，繁育无病种子，种用果穗入仓前，要经过严格检查和选择。无病区不从病区引种、调种和购种。有的省份将干腐病列为补充检疫对象，实施检疫。发病田要实行 3 年以上轮作，要深翻灭茬，及时清除病残体，以减少菌源。病田还要种植抗病、轻病品种，合理密植，加强肥水管理，增施钾肥，及时防治病虫害。

2）药剂防治。必要时用杀菌剂进行播前种子处理和田间喷药。每 100kg 种子可用 2.5% 适乐时悬浮种衣剂 100～200mL 或 10% 适乐时悬浮种衣剂 25～50mL 拌种。或用 50% 多菌灵或 50% 甲基硫菌灵可湿性粉剂 100 倍液浸种 24h，再用清水冲洗并晾干后播种。

在玉米抽穗期可用 25% 丙环唑乳油 2000 倍液，50% 多菌灵可湿性粉剂 500 倍液，或 70% 甲基托布津可湿性粉剂 800 倍液喷雾，重点喷布果穗和茎秆基部。

17. 穗腐病

玉米穗腐病也称为玉米穗粒腐病，是由多种病原真菌侵染而引起的穗部病害的统称。20 世纪 80 年代以来，其有加重发生的趋势，一般年份发病率为 10% ~20%，严重年份发病率为 30% ~40%。穗腐病的病原菌直接侵染果穗，在生长后期、收获和贮藏期间引起籽粒霉烂，严重降低了食用、饲用价值。病籽粒可能带有病原菌产生的毒素，引起人、畜中毒。带菌玉米籽粒萌发率剧降，还可诱发严重的苗枯病，不能种用。

【病原菌与症状】

引起玉米穗腐病的病原真菌有 30 余种，各地都以镰刀菌出现频率较高。能引起穗腐病的镰刀菌种类也很多，其中优势种为轮枝状镰刀菌和禾谷镰刀菌等。

穗腐病病果穗无光泽，部分籽粒或全部籽粒变色霉烂，苞叶也常被侵染，黏结在果穗上不易剥离。因病原菌不同，病果穗和病粒上会出现粉红色、红色、黄绿色、褐色或黑色的霉状物，需注意鉴别。

轮枝状镰刀菌（*Fusarium verticillioides*）多从玉米螟或其他害虫取食造成的伤口侵入，引起单个籽粒或局部果穗腐烂。受害籽粒顶部有粉红色或粉白色的粉状物，籽粒间有白色絮状菌丝体（图 1-61）。后期病粒果皮上出现粉白色条斑，易破碎。

禾谷镰刀菌（*F. graminearum*）侵染引起的穗腐，多从果穗顶端开始发病，向基部发展，可波及大半个果穗，发病早的果穗可能全部烂掉。发病轻的，仅籽粒基部变为红色，果穗表面正常。发病严重的果穗布满紫红色霉层，籽粒上和籽粒间隙有红色或白色棉絮状菌丝体（图 1-62）。苞叶紧贴果穗，苞叶上可能生出蓝黑色小粒点（病原菌的子囊壳）。

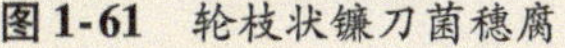

图1-61　轮枝状镰刀菌穗腐

图1-62　禾谷镰刀菌穗腐

多种青霉菌侵染引起的穗腐，在穗轴表面和籽粒之间生有蓝绿色霉状物（图1-63）。病籽粒呈苍白色，可能有条纹。曲霉菌侵染的果穗籽粒上生有黑色、黄绿色霉状物。曲霉菌可产生黄曲霉素，对人、畜有害。粉红单端孢侵染后，果穗上覆盖橙红色粉状物（图1-64）。灰霉菌引起的穗腐，生有灰色霉状物（图1-65）。黑孢霉侵染后果穗变软，病籽粒缢缩变色，易脱离穗轴，在籽粒端部和穗轴上生有黑色霉状物（图1-66）。枝孢霉侵染后，在籽粒上和果穗苞叶上也产生黑色霉状物。同一个果穗上还可能滋生几种真菌，共同引起穗腐。

图1-63　青霉菌引起的穗腐

图1-64　粉红单端孢引起的穗腐

图 1-65 灰霉菌引起的穗腐

图 1-66 黑孢霉引起的穗腐

【发生规律】

镰刀菌多在种子或病残体上越冬，成为第二年的初侵染菌源。分生孢子借风雨、机械、昆虫进行传播而引起侵染发病，昆虫取食造成的伤口有利于病原菌侵入。

轮枝状镰刀菌和禾谷镰刀菌最先侵染玉米根系，引起根腐，继而向茎基部扩展，发生茎腐病。引起穗腐的菌源主要来自体外气传孢子。少数轮枝状镰刀菌可通过玉米的维管束系统进入穗部，导致籽粒带菌，但当年并不表现典型穗腐症状。

玉米吐丝期至成熟期若降雨多，寡照高湿，穗腐病就可能发生。通常山地发病轻，平地和洼地发病重；壤土田块发病率较低，沙土和黏土田块发病较重；玉米螟和棉铃虫发生重的年份，穗腐病发生也重。

青霉菌、曲霉菌、黑孢霉、粉红单端孢、枝孢霉等寄生性弱，发生场所复杂，菌源多，主要是在玉米长势弱、虫伤或机械伤口多、收获和贮藏条件不良时发生。

【防治方法】

1）种植轻病品种。玉米自交系、杂交种间穗腐病发生程度

有明显差异。果穗苞叶紧、不开裂的品种一般发病较轻。据接菌测定，轮枝状镰刀菌穗腐病发生轻的自交系有郑 32、CN 157、金皇 59、BT、BT-1、沈 137、四一、P136、P138、488、Pa405、鲁原 92、S22、SL2169、KB25 等。

2）栽培防治。要改善田间通风透光条件，降低湿度。要合理施肥，防止后期脱肥，促进早熟。在蜡熟前期或中期剥开苞叶晾晒，改善果穗的透气性，抑制病菌繁殖生长。要做到早收获，早晾晒，早脱粒，采用日晒、烘干等措施，降低玉米籽粒水分含量。

3）药剂防治。生长期间及时喷药防治玉米螟、棉铃虫和其他害虫，减少伤口。必要时可喷施杀菌剂，控制穗腐病发生。例如，防治镰刀菌穗腐，可选喷 70% 甲基硫菌灵可湿性粉剂或 50% 多菌灵可湿性粉剂等。

18. 细菌性茎腐病 >>>>

细菌性茎腐病是玉米的一种新病害，在亚热带栽培区和灌溉农田危害较重。病株叶鞘和茎秆腐烂，导致枯萎或倒伏，不能抽穗结实。

【症状】

细菌性茎腐病多在玉米生育中期发生，主要危害植株中部茎秆和叶鞘，条件适宜时病斑迅速向上、向下扩展蔓延。叶鞘上初现水渍状病斑，扩展后成为不规则形病斑，浅褐色至黑褐色，边缘浅红褐色，波浪状，水渍状（图 1-67）。叶片与叶鞘连接处和叶片基部也可发病腐烂。发病叶鞘和茎秆迅速软化，腐烂，散发出臭味，有黄褐色菌脓。茎秆内髓部组织腐烂，消解（图 1-68），茎秆易折倒。有的病株从茎基部开始发病，可造成植株上部叶片枯萎。还有的病株茎尖生长点和心叶腐烂。

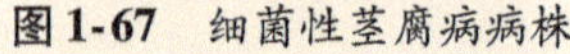

图 1-67　细菌性茎腐病病株

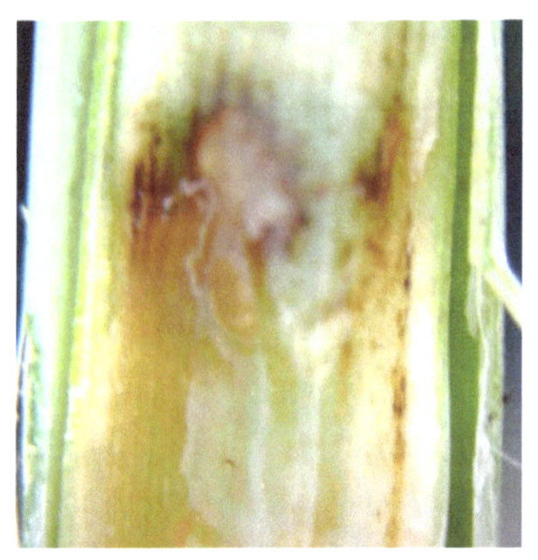

图 1-68　茎秆软化腐烂

【病原菌】

病原细菌主要为达旦提狄克氏菌（*Dickeya dadantii*），该菌菌体呈短杆状，直形，具运动性，鞭毛周生，革兰氏染色阴性反应。该菌还侵染高粱、苏丹草、甘蔗、番茄、马铃薯等作物。

【发生规律】

病原细菌随病残体越冬，从玉米植株的气孔、水孔或伤口侵入。玉米连作，田间菌量积累，发病趋重。施用混有病残体的未腐熟农家肥也可加重发病。玉米种子通常不带菌。病原细菌在田间可随雨水、灌溉水、昆虫等传播扩散。

玉米心叶末期最易发病，在这之前的生育阶段和抽雄后一般不被侵染，即使被侵染，发病也轻。玉米螟、棉铃虫等蛀茎害虫可以传带病原细菌，并造成大量伤口，有利于细菌侵入，因而虫害严重发生的田块，发病也加重。

高温高湿的天气适于侵染发病。在 26 ~ 36℃ 的范围内病原细菌都能侵染，最适温度为 30 ~ 32℃。玉米拔节期遇到高温暴雨或阴雨寡照，可能酿成细菌性茎腐病大流行。地势低洼，排水不良，灌溉不当，发病期间喷灌，植株密度过高，以及施用氮肥过多等都有利于发病。

【防治方法】

1）种植抗病品种。发病地区应开展品种抗病性调查或鉴定，选择种植抗病、轻病品种。

2）栽培防治。病田换种其他作物，实行轮作，收获后及时清除病残体，不施用未腐熟的有机肥，减少菌源。要加强田间管理，合理施肥，苗期增施磷、钾肥，不能大水漫灌和喷灌，雨后要及时排水，降低田间湿度。要及时防治玉米螟、棉铃虫等害虫。田间发现病株后，要及时拔除，携出田外烧毁，还可在发病初期剥去病叶鞘，涂刷石灰水（用熟石灰 1kg，兑水 5 ~ 10kg 涂刷）。

3）药剂防治。喷施 72% 农用链霉素水溶性粉剂 4000 ~ 5000 倍液或 77% 氢氧化铜可湿性粉剂 500 ~ 700 倍液，有较好的防效。

19. 粗缩病 >>>>

玉米粗缩病是一种毁灭性病害，国内最早于 1954 年在新疆和甘肃发现，20 世纪 60 年代以后东部各省有所发生。70 年代中期华北推行间作套种，玉米播期提前，粗缩病猖獗发生。90 年代以后在黄淮海玉米产区和云南等省发病面积不断扩大，多次暴发流行。

【症状】

玉米整个生育期都可被侵染而发病，苗期受害最重。病株节间缩短，异常矮小，多不能抽穗结实（图 1-69）。

玉米自 5 ~6 叶期即表现明显症状，最初在心叶基部和中脉两侧出现透明的褪绿条点，或断或续，连成虚线状，后波及整个叶片，成褪绿条纹。病株上部节间短缩粗肿，叶片对生（图1-70），株高常不及健株高度的一半。有的病株顶部叶片簇生，叶片僵直、宽短而肥厚（图1-71）。多数病株不能抽穗结实，有的雄穗虽能抽出，但分枝少，雄花发育不良，花粉少，雌穗畸形，花丝少，不结实或籽粒很少。病株叶背、叶鞘和苞叶的叶脉上有长短不等的蜡白色隆起，称为"脉突"，用手触摸有明显的粗糙感（图1-72）。病株根系少而短，易从土中拔出。

图1-69 粗缩病病株

图1-70 病株短缩，叶片对生，有条纹

图1-71 顶部叶片簇生，僵直

图1-72 叶背的蜡白色隆起

【病原物】

病原物主要是水稻黑条矮缩病毒（*Rice black streak dwarf virus*，RBSDV），属于呼肠孤病毒科斐济病毒属。病毒粒体球状，直径约 75nm，双层外壳，无包膜，基因组由 10 条线性的双链 RNA 组成。由飞虱持久性传毒，不能汁液传毒。传毒飞虱有灰飞虱和白脊飞虱，但后者传毒率很低。灰飞虱在病株上吸汁获毒，2～3 龄若虫获毒效率最高。病毒可在飞虱体内繁殖，可终身带毒，连续传毒，但不能经卵传毒。该病毒只侵染单子叶植物，自然寄主有水稻、玉米、大麦、小麦、黑麦、高粱、谷子以及多种禾本科草。

【发生规律】

在我国北方，冬小麦和多年生禾本科杂草是主要带毒寄主。传毒灰飞虱以 3～4 龄若虫在冬小麦或禾草茎基部越冬，3 月下旬至 4 月上旬，越冬代若虫开始活动，5 月下旬 1 代成虫羽化，于 6 月上旬和中旬迁入玉米田危害，并传播病毒，使玉米幼苗发病。灰飞虱迁移高峰后 25 天内，田间就出现玉米粗缩病的显症高峰。无论在春玉米区还是夏玉米区，都主要以 1 代灰飞虱成虫进行传毒。

玉米 3～7 叶期为易感时期，10 叶期以后抗病性增强，发病减轻。玉米播期选择不当，苗期与传毒灰飞虱迁飞高峰恰好相遇，发病严重。河北省以 5 月中旬播种的玉米发病最重，4 月和 6 月上旬播种的发病较轻。麦田套种的夏玉米播期偏早，苗期正遇上 1 代灰飞虱成虫盛期，发病严重。田间管理粗放，杂草多，灰飞虱虫口多，发病趋重。

玉米不同自交系和杂交种间抗病性有明显差异。据各地观察，郑单 2 号、郑单 958、先玉 335、浚单 20、丹玉 6 号、群单 105、博单 1 号、掖单 13、掖单 19、掖单 20、西玉 3 号等表现感病。

【防治方法】

1）种植抗病品种。据各地鉴定，鲁单50、农大108、山农3号、青农105、掖单12、烟单14、中单4号、沈单7号、鲁玉2号、鲁玉16号、登海3622、金海5号、农大108等杂交种抗病或中度抗病，但因年份和播期不同，发病程度有所变化。

2）栽培防治。病区要压缩麦田套种玉米面积，调整播期，适期播种，使玉米苗期避开1代灰飞虱成虫盛发期。播种前要整地灭茬，清除田头地边杂草，要加强田间管理，早间苗，晚定苗，拔除病苗，及时中耕，实行健身栽培。要调整品种布局，把感病玉米杂交种种植在不种冬小麦或远离冬小麦的地区。

3）施药防治传毒灰飞虱。冬麦区首先要做好麦田灰飞虱防治工作，压低越冬基数。早播麦田、秋作物套种麦田、发虫较重的麦田为施药重点。在春季小麦返青期，需施药防治越冬代若虫和成虫，在小麦穗期和1代灰飞虱卵孵高峰期也要施药防治，以减少迁往玉米田的飞虱数量。玉米播前要用吡虫啉、吡蚜酮等杀虫剂拌种或进行种子包衣，玉米苗期要喷施杀虫剂（参见本书飞虱一节）。另外，还可在发病初期喷施20%盐酸吗啉胍·铜可湿性粉剂500倍液，或1.5%植病灵乳剂1000倍液，以减轻发病和降低损失。

20. 矮花叶病 >>>>>

矮花叶病是玉米的重要病害，分布广泛，西北、华北发生较多。病株黄弱矮小，有的早期枯死，有的抽雄不良，果穗细小，籽粒少而秕瘦。轻病田减产10%～20%，重病田减产30%～50%。

【症状】

玉米整个生育期都可发生，苗期受害重。典型症状是植株矮

小，叶片上生黄绿相间的条纹（图1-73）。染病早的，矮小严重，后期被侵染的，矮小不明显。发病初期在新叶基部的叶脉间出现褪绿斑点、斑纹，沿叶脉形成断续的褪绿条点，长短不一，但叶脉仍保持绿色（图1-74）。褪绿条点随后发展成为较宽的褪绿条纹，并迅速扩展到全叶（图1-75）。发病重的叶色变黄，质地硬而脆，易折断。有的品种从叶尖、叶缘开始，出现紫红色条纹。叶鞘和苞叶上也出现类似症状。

图1-73 矮花叶病病株

图1-74 病叶初生褪绿条点

图1-75 病叶产生褪绿条纹

【病原物】

矮花叶病是由玉米矮花叶病毒（*Maize dwarf mosaic virus*，MDMV）侵染引起的。该病毒属于马铃薯Y病毒属。病毒粒体线状，长750nm，直径12~15nm，无包膜，单分体基因组，核酸为线形正义单链RNA。在寄主细胞质内产生典型的风轮状内含体。

该病毒主要由蚜虫以非持久方式传毒，病株汁液摩擦和带毒种子也能传毒。寄主范围很广，除玉米外，还可侵染高粱、谷子、糜子、苏丹草、约翰逊草等作物，以及牛鞭草、虎尾草、白茅、雀麦、狗尾草、马唐、稗草、画眉草等200多种禾草。玉米矮花叶病毒有多个株系，其寄主范围有所不同。

【发生规律】

玉米矮花叶病毒的初侵染毒源主要来自雀麦、牛鞭草及其他多年生禾本科杂草和越冬带毒作物，其次为带毒玉米种子。初春，越冬蚜虫或由越冬卵孵化的蚜虫，在新长出的带毒杂草或其他越冬寄主嫩叶上取食而获毒，随有翅蚜迁飞，而将病毒传播到春玉米上，之后又传播到夏玉米上。

在自然条件下，以蚜虫非持久方式传毒为主。传毒介体有玉米蚜、禾谷缢管蚜、麦二叉蚜、麦长管蚜、棉蚜、桃蚜等23种蚜虫。带毒种子也是重要毒源。带毒种子导致幼苗发病，病株成为传病中心，随蚜虫取食或病、健叶片摩擦而向周围传毒。玉米品种或自交系间种子带毒率相差较大，有的带毒率相当高，如7922自交系种子带毒率为12.2%，掖单2号为3.15%。

玉米品种间的抗病性差异显著，大面积种植感病品种是造成矮花叶病流行的主要因素。各茬玉米发病程度又与传毒蚜虫数量密切相关。有的地方春玉米发病较夏玉米轻，因为早春毒源和传毒蚜虫数量较少，若春玉米晚播，则发病趋重。夏玉米若播期选择不当，幼苗期正逢麦田蚜虫迁出高峰期，发病也加重。气温和降雨对蚜虫群体数量影响很大，北方6~7月高温干旱，有利于蚜虫增殖和迁飞，蚜口数量激增，矮花叶病重发。

【防治方法】

1）栽培防治。要及时铲除田间杂草，减少越冬毒源。应选配和种植抗病高产杂交种，合理调节播期，使玉米苗期避开蚜虫从麦田迁飞的高峰期。采用地膜覆盖法种植春玉米，出苗提早，以避开蚜虫迁飞传毒高峰期。在玉米定苗时，要拔除由种子带毒产生的病苗和早期蚜虫传毒造成的病苗，减缓病毒扩散传播。发病田要加强管理，适时施肥灌水，以减轻病情，降低损失。

2）药剂防治。在传毒蚜虫迁飞玉米田的始期和盛期，及时喷施杀虫剂防治蚜虫，抑制病害的传播（参见本书蚜虫的相关内容）。另外，还可在发病初期喷施盐酸吗啉胍·铜（病毒A）、植病灵、菌毒清、83增抗剂等药剂，喷药时在药液中加入叶面肥，有利于病株复绿。

21. 条纹矮缩病

玉米条纹矮缩病主要发生于甘肃省河西走廊和新疆。玉米重病株提前枯死，发病较轻、较晚的虽可抽穗结实，但籽粒少而瘪小。受害田块的产量损失一般在20%～30%。

【症状】

病株矮缩，节间缩短，顶部叶片直立而稍硬。叶片从基部向叶尖，沿叶脉产生浅黄色条纹，后期在条纹上产生坏死褐斑，因品种不同，条纹形态有所变化（图1-76、图1-77）。有的条纹连

图1-76　条纹矮缩病病叶

图1-77　条纹上的坏死褐斑

续或断续生于叶脉之间或叶脉上，宽约0.2～0.7mm，两条叶脉之间有1～5条条纹，称为“密纹型”。有的条纹连续或断续生于叶脉上，很少生于叶脉间，条纹宽约0.4～0.9mm，称为“疏纹型”。病株叶鞘、茎秆和苞叶顶端的小叶均可产生浅黄色条纹或褐色坏死斑。

【病原物】

条纹矮缩病的病原物是玉米条纹矮缩病毒（*Maize streak dwarf virus*，MSDV），该病毒是细胞核弹状病毒属的暂定种。病毒粒体有包膜，弹状（未经固定时），长150～220nm或200～250nm，直径43～64nm或70～80nm。基因组单分体，核酸为线形负义单链RNA。由灰飞虱成虫和若虫进行持久性传毒，寄主有玉米、小麦、大麦、高粱、谷子、糜子等作物，以及狗尾草、野燕麦等多种禾草。

【发生规律】

田间杂草和灰飞虱均能带毒越冬，冬季灰飞虱若虫栖息在杂草根际或枯枝落叶层，次春首先危害杂草，成虫出现后迁移到麦田危害，小麦收获后，又迁入玉米田，引起玉米发病。通常7～8月虫口密度高，发病增多。

玉米品种间抗病性有很大差异，若大面积种植感病品种，就可能造成条纹矮缩病害流行。田间杂草多，灰飞虱虫口密度大，发病加重。地力贫瘠、灌溉失当、杂草滋生的田块发病较重。历史上条纹矮缩病在甘肃酒泉地区的流行，就是种植高感品种陕单3号，以及在灌区潮湿茂密的植被下灰飞虱大量繁殖传病所致。

【防治方法】

防治玉米条纹矮缩病首先应种植抗病、耐病品种，淘汰高感品种，还要适时播种，加强栽培管理，增施肥料，适时

灌水。在甘肃河西，头遍水的灌溉时间影响发病程度，以玉米出苗后 40～50 天灌水为好，不宜过早、过晚。要清除田间杂草，降低灰飞虱虫口密度，做好冬前和麦田的灰飞虱药剂防治。

注意 玉米叶片上有时出现遗传性斑纹，不要误认为条纹矮缩病。

22. 红叶病

红叶病是大麦黄矮病毒侵染玉米所引起的一种病害，易误认为缺素症。红叶病分布较普遍，有的品种受害较重。

【症状】

病株从下部第四、第五叶片开始，向上逐渐显症。叶片多从叶尖沿叶缘向基部变紫红色（个别品种变金黄色），病叶光亮，质地略硬，叶鞘也相应变色（图 1-78）。发病早的植株矮小，茎秆细瘦，叶片狭小。

图 1-78 红叶病症状

【病原物】

此病的病原物为大麦黄矮病毒（*Barley yellow dwarf virus*，BYDV），属于黄症病毒属。病毒粒体为等轴对称的正二十面体，直径26~30nm，具单分体基因组，核酸为线形正义单链RNA。自然侵染小麦、大麦、燕麦、小黑麦、玉米、谷子、糜子、高粱、水稻等作物及野燕麦、鹅冠草等100多种禾本科草。

【发生规律】

大麦黄矮病毒主要危害麦类作物，由蚜虫以循徊型持久性方式传播。传毒蚜虫主要有禾谷缢管蚜、麦二叉蚜、麦长管蚜、麦无网蚜和玉米蚜等。蚜虫不能终生传毒，也不能通过卵或胎生若蚜将毒传至后代。

在冬麦区，传毒蚜虫在玉米、自生麦苗或禾本科杂草上危害越夏，秋季迁回麦田危害。传毒蚜虫以若虫、成虫或卵在麦苗和杂草基部或根际越冬。第二年春季又继续危害和传毒。秋、春两季是黄矮病传播侵染的主要时期，春季更是主要流行时期。若麦田发病重，传毒蚜虫密度高，玉米发病也加重。玉米品种间发病有差异，户单4号发病较重。

【防治方法】

在发病地区不种植高度感病的玉米品种，要搞好麦田黄矮病和麦蚜的防治，减少侵染玉米的毒源和介体蚜虫。

注意 玉米茎叶变为紫红色，还见于缺磷和紫秆品种等情况，仔细观察不难区分。

23. 坏死病

坏死病又称为玉米致死性坏疽病，是玉米的一种危险性新病害。该病是玉米褪绿斑驳病毒与其他病毒复合侵染引起的，病株叶片枯死，可造成高达 80% 的产量损失。致病病毒在我国已有发现，急需加强监测，防止传播蔓延。

【症状】

玉米褪绿斑驳病毒单独侵染玉米后，叶片上出现轻微褪绿斑点、斑驳或花叶等。但与另一种病毒复合侵染后，病情加重，病株叶片最先变黄，形成黄绿相间的斑驳或花叶（图 1-79），随后从叶片边缘开始变褐坏死，最后整叶干枯（图 1-80）。上部叶片最先坏死，渐次向下部叶片扩展。病株的叶鞘和茎节变褐色，果穗小，皱缩畸形，结实不良或不结实，苞叶枯死。有时病株矮小或分蘖异常增多。

图 1-79　坏死病病苗

图 1-80　病株叶片枯死

【病原物】

病原物以玉米褪绿斑驳病毒为主，与玉米矮花叶病毒（B 株系）、甘蔗花叶病毒或小麦线条花叶病毒复合侵染所致。

1）玉米褪绿斑驳病毒（*Maize chlorotic mottle virus*，MCMV）。粒体为等轴对称二十面体，直径约30nm，无包膜。具单分体基因组，核酸为线形正义单链RNA。自然寄主为玉米，也可侵染小麦、大麦、燕麦、高粱等。该病毒由甲虫或蓟马等昆虫介体传播，也可通过病株汁液接触传播和以种子传播。

2）玉米矮花叶病毒（*Maize dwarf mosaic virus*，MDMV）。病毒粒体线状，长750nm，直径12～15nm，无包膜，单分体基因组，核酸为线形正义单链RNA。该病毒主要由蚜虫以非持久方式传毒，病株汁液摩擦和带毒种子也能传毒。寄主范围很广，除玉米外，还可侵染高粱、谷子、糜子及禾草。

3）甘蔗花叶病毒（*Sugarcane mosaic virus*，SCMV）。病毒粒体线状，长630～770nm，直径13～15nm，无包膜。具单分体基因组，核酸为线形正义单链RNA。主要以蚜虫进行非持久性传播，也可以病株汁液接触传播。主要寄主有甘蔗、玉米、高粱等。

4）小麦线条花叶病毒（*Wheat streak mosaic virus*，WSMV）。粒体弯曲线状，长690～700nm，直径11～15nm，无包膜。具单分体基因组，核酸为线形正义单链RNA。侵染禾本科植物，在寄主细胞质内产生风轮状内含体。主要由瘿螨以持久性方式传毒。

【发生规律】

相关病毒可侵染玉米、其他禾本科作物和禾本科杂草，田间毒源来自玉米病株、其他带毒植物、带毒介体昆虫和带毒种子等，主要毒源植物因病毒种类和发病地区而不同。

各有关病毒的传毒介体也不相同。玉米褪绿斑驳病毒可经由种子、汁液、介体甲虫及蓟马等多种途径传播，因病毒株系不同而有所侧重。虽然种子带毒率低，但对该病毒的远程传播有重要意义。玉米矮花叶病毒主要由蚜虫以非持久方式传毒，病株汁液摩擦和带毒种子也能传毒。甘蔗花叶病毒传毒介体主要是蔗刀和多种蚜虫，小麦线条花叶病毒介体主要是瘿螨。

玉米从苗期至成熟期都会感病，但苗期症状和缓，至玉米株高达到30~40cm以后，病毒侵染以后所抽出的叶片方表现严重症状。

【防治方法】

玉米褪绿斑驳病毒和小麦线条花叶病毒为我国进境植物检疫性有害生物，需依法检疫。田间发现病株后，要立即拔除烧毁，严防扩大蔓延。老病区的病田要与马铃薯、豆类、蔬菜等非寄主作物进行2~3年轮作，使用无病地区繁育的不带毒种子，要及时铲除田间杂草。在摸清当地传毒昆虫种类和发生规律的基础上，可采取相应的药剂防治措施。

二、玉米害虫、害螨

1. 亚洲玉米螟

亚洲玉米螟是世界性玉米大害虫，广泛分布于全国各玉米种植区，严重降低了玉米的产量和品质，大发生时使玉米减产30%以上。除玉米外，该虫还寄生高粱、谷子、水稻、大豆、棉花等多种农作物。

图 2-1 亚洲玉米螟幼虫钻蛀造成的排孔

【为害特点】

亚洲玉米螟是钻蛀性害虫，幼虫钻蛀取食心叶、茎秆、雄穗和雌穗。幼虫蛀穿未展开的嫩叶、心叶，使展开的叶片出现一排排小孔（图 2-1）。幼虫可蛀入茎秆（图 2-2），取食髓部，影响养分输导，受害植株籽粒不饱满，被蛀茎秆易被大风吹折。幼虫钻入雄花序，使之从基部折断。幼虫还取食雌穗的花丝和嫩苞叶，并蛀入雌穗，食害幼嫩籽粒，造成严重减产（图 2-3），玉米螟蛀孔处常有锯末状虫粪。

图 2-2 幼虫钻蛀茎秆

图 2-3 幼虫蛀食籽粒

【形态特征】

亚洲玉米螟（Ostrinia *furnacalis*）属于鳞翅目螟蛾科，有成虫、卵、幼虫和蛹等虫态。

1）成虫。成虫体长10～13mm，翅展24～35mm，头、胸部黄褐色。前翅黄褐色，横贯翅面有2条暗褐色横线，内横线波纹状，外横线锯齿状，其外侧黄褐色，再向外有褐色带与外缘平行。缘毛内侧褐色，外侧白色。环斑暗褐色，肾斑暗褐色，短棒状，两斑之间有1个黄色小斑。后翅浅黄色，翅中部也有2条横线，与前翅的横线相连（图2-4，图2-5）。雌蛾前翅与后翅的色泽比雄蛾浅，后翅线纹常不明显。

图2-4 亚洲玉米螟成虫

图2-5 亚洲玉米螟雄蛾

2）卵。卵粒长约1mm，扁椭圆形，初乳白色，半透明，渐变黄色，具有网纹，有光泽，孵化前出现小黑点（幼虫头部）。卵粒排列成鱼鳞状。

3）幼虫。幼虫圆筒形，体长约25mm，头、前胸背板和臀板赤褐色至黑褐色，体色黄白色、浅灰褐色至浅红褐色，体背有3条褐色纵线，中央一条较明显，两侧的纵线隐约可见。中、后胸背面各有4个圆形毛片，排成一排，腹部1～8节的各节背面均有2列毛片，前列4个较大，后列2个较小（图2-6）。幼虫腹足趾钩3序缺环（图2-7）。

图2-6　亚洲玉米螟幼虫

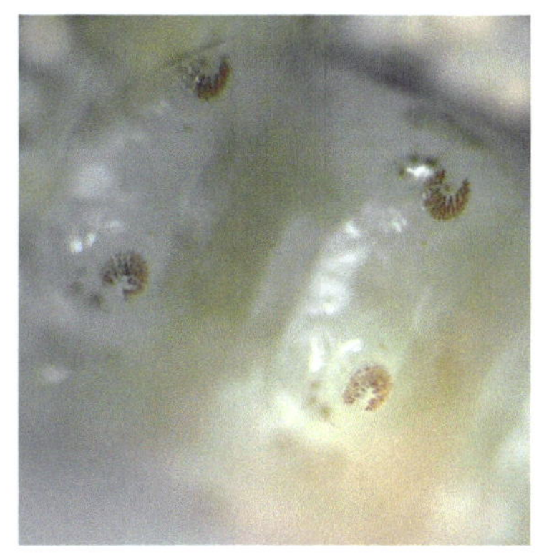

图2-7　幼虫腹足趾钩

4）蛹。蛹长14～15mm，纺锤形，黄褐至红褐色，1～7腹节腹面具有刺毛2列，体末端有黑褐色尾状钩刺（臀棘）5～8根。

【发生规律】

因各地气候条件不同，亚洲玉米螟1年发生1～7代不等，均以末代老熟幼虫在作物的茎秆、穗轴或根茬内越冬，也有的在杂草茎秆中越冬。玉米秸秆中越冬虫量最大，穗轴中次之。

第二年春季越冬幼虫陆续化蛹，羽化。成虫飞翔力强，有趋光性。白天潜伏在作物或杂草丛中，夜间活动和交配。雌蛾在株高50cm以上，将要抽雄的植株上产卵，卵多产在叶背面中脉两侧，少数产在茎秆上。每只雌蛾产卵10～20块，共400粒左右，每个卵块有卵20～50粒不等。产卵期7～10天。

幼虫有5个龄期，3龄以前潜藏，4龄以后钻蛀危害。幼虫具有趋触、趋湿、趋糖、避光等特性。孵化后选择诸如心叶、茎秆、花丝、穗苞等湿度较高、含糖量较高且便于隐藏的部位定居。老熟后在危害部位附近化蛹。

在我国北方，1代卵产于春播玉米心叶期，幼虫孵化后先取食卵壳，然后爬行分散，也能吐丝下垂，随风飘落到邻近植株上，取食未展开的嫩叶。以后又相继取食雄穗穗苞和下移蛀茎。2代螟卵一般产在玉米花丝盛期，幼虫大量侵入花丝丛取食，4~5龄后取食雌穗籽粒，钻入穗轴，蛀入雌穗柄或下部茎秆。1代玉米螟危害最重，冬前虫量大，越冬成活率高，常造成1代严重发生。近年来有些地方2代玉米螟的危害已重于1代。玉米螟各代发生期不整齐，有世代重叠现象。

各年玉米螟的发生量与越冬基数、气象条件、天敌数量、栽培管理等诸因素密切相关。亚洲玉米螟发生的适宜温度为15~30℃，相对湿度为60%以上。在旬均温20℃以上、降雨较多、旬平均相对湿度70%左右的条件下，玉米螟盛发。北方春播改夏播，春播玉米面积缩小，1代玉米螟缺乏适宜寄主，发生量减少，从而显著减轻了夏播作物上2代、3代的危害。

玉米螟有多种天敌，其中卵寄生蜂对其有显著的抑制作用，玉米螟赤眼蜂、松毛虫赤眼蜂和螟黄赤眼蜂等已用于生物防治。寄生越冬代幼虫的主要病原菌是苏云金芽孢杆菌和白僵菌。玉米品种间的抗螟性不同，有的品种植株体内含有较多抗螟素，受害程度明显降低。同一品种在心叶期和穗期的抗螟性强弱也不尽相同。据测定，安徽省淮北市区常用玉米品种在心叶期抗螟性较强的有中农大311、中科11、登海3号、东单80、蠡玉16、郑单23、济单8号、滑玉13等，穗期抗螟性较强的有浚单20、齐单1号、中科4号、农大108和鲁单6018等。

【防治方法】

应采取以生物防治为主导、化学和物理防治为补充的绿色防控治理策略，根据不同生态区玉米螟的发生特点，集成防控关键技术。

1）栽培防治。要积极选育或引进抗螟高产品种。在秋收之后至春季越冬代化蛹前，把主要越冬寄主作物的秸秆、根茬、穗轴等，采用烧掉、机械粉碎、用作饲料或封垛等多种办法处理完毕，以消灭越冬虫源。要因地制宜地实行耕作改制，在夏玉米2~3代玉米螟发生区，要酌情减少玉米、高粱、谷子的春播面积，以减轻夏玉米受害。可设置早播诱虫田或诱虫带，种植早播玉米或谷子，诱集玉米螟成虫产卵，然后集中消灭。在严重危害地区，还可在玉米雄穗打苞期，隔行人工去除2/3的雄穗，带出田外烧毁或深埋，消灭危害雄穗的幼虫。

提示 玉米螟幼虫有在玉米、高粱、谷子根茬中越冬的习性，收获时可齐地面收割，低留根茬。

2）诱集成虫。设置黑光灯和频振式杀虫灯诱杀越冬代成虫，阻断产卵。单灯防治面积4ha，设置高度为距地面2m。还可在越冬代成虫羽化初期开始使用性诱剂诱杀。

3）药剂防治。防治春玉米1代幼虫和夏玉米2代幼虫，可在心叶末期喇叭口内施用颗粒剂。1%辛硫磷颗粒剂或1.5%辛硫磷颗粒剂，每亩用药1~2kg，使用时加5倍细土或细河砂混匀，撒入喇叭口；0.3%辛硫磷颗粒剂，每株用药2g，施入大喇叭口内；0.1%或0.15%的三氟氯氰菊酯颗粒剂，拌10~15倍煤渣颗粒施用，每株用药1.5g；14%毒死蜱颗粒剂，每株用药1~2g。

80%敌百虫可溶性粉剂1000~1500倍液，50%敌敌畏乳油1000倍液等，可用于灌心叶（每株用药液10mL）。在玉米螟卵孵化盛期，还可喷施24%甲氧虫酰肼悬浮剂，防治1代玉米螟，每亩用药25mL，兑水25L喷雾，但要将药液喷在玉米喇叭口内。

穗期玉米螟的防治，可在玉米抽丝60%时，用上述有机磷或菊酯类颗粒剂撒在雌穗着生节的叶腋，其上两叶、其下一叶的叶腋，以及穗顶花丝上。

上述80%敌百虫可溶性粉剂1000～1500倍液，50%敌敌畏乳油1000倍液也可用于灌注露雄的玉米雄穗，或在雌穗吐丝期，滴在雌穗顶端花丝基部，使药液渗入花丝。在雄穗打苞期，还可喷洒20%氰戊菊酯乳油4000倍液，或2.5%溴氰菊酯乳油4000倍液等。

4）生物防治。

①白僵菌封垛：为降低越冬虫口基数，春玉米区在早春越冬幼虫化蛹前15天，对残留的秸秆垛或根茬垛，逐垛喷施白僵菌粉，这称为“封垛”。用药量按每立方米喷白僵菌粉（每克含30亿活孢子以上）2.5kg计算。在垛的茬口侧面，每立方米用木棍向垛内顶出1个喷粉洞（洞深20cm，直径5cm），将机动喷粉器喷管插入洞中，进行喷粉，待对面有菌粉飞出时停止，再喷其他位置，直到全垛喷完为止。

②施用苏云金杆菌制剂（Bt制剂）：在玉米螟卵孵化率达到30%时，用高杆喷雾器均匀喷施菌Bt乳剂（100亿个孢子/mL）200倍液。Bt菌粉（100亿孢子/g），每亩用50g，兑水稀释2000倍，用药液灌心叶。也可以每亩地用Bt乳剂100～200g，拌细砂3.5～5kg，投入喇叭口中，每株用量“三指一撮”。另外，在玉米大喇叭口末期，可用M-18B型农用飞机超低量喷雾苏云金杆菌油悬浮剂（8000国际单位/mg），每亩地用药100mL。

③释放赤眼蜂：赤眼蜂会寄生螟卵，使之不能孵化。可释放人工生产的赤眼蜂，控制玉米螟。在玉米螟产卵始盛期，开始第一次放蜂，蜂量每亩地0.5万～0.6万只，1周后第二次放蜂，蜂量每亩地0.9万～1.0万只。每亩地设2～6个放蜂点，将蜂卡挂在放蜂点玉米茎秆中部叶片的背面。另外还可利用赤眼蜂，携带强致病性昆虫病毒，感染螟卵，造成病害流行，这称为“生物导弹技术”。

注意 危害玉米的钻蛀性害虫还有高粱条螟、桃蛀螟及大螟等。

2. 黏虫

黏虫是农作物的主要害虫之一，具有多食性和暴食性，主要危害玉米、高粱、谷子、麦类、水稻、甘蔗等禾本科作物和禾草，大发生时也危害棉花、麻类、烟草、甜菜、苜蓿、豆类、向日葵及其他作物。

【为害特点】

黏虫是食叶性害虫，1～2 龄幼虫聚集危害，在心叶或叶鞘中取食，啃食叶肉残留表皮，造成半透明的小条斑。3 龄后食量大增，开始啃食叶片边缘，咬成不规则缺刻。5～6 龄幼虫为暴食阶段，可将叶肉吃光，仅剩主脉，果穗秃尖，籽粒干瘪，造成减产或绝收（图 2-8）。

图 2-8　黏虫幼虫取食的叶片

【形态特征】

黏虫（*Leucania seperata*）属鳞翅目夜蛾科，有成虫、卵、幼虫、蛹等虫态。

1）成虫。为浅黄褐色至浅灰褐色的蛾子。雌蛾体长 18～20mm，翅展 42～45mm，雄蛾体长 16～18mm，翅展 40～41mm。前翅浅黄褐色，有闪光的银灰色鳞片。前翅中央稍近前缘处有 2 个近圆形的黄白色斑，中室下角有 1 个小白点，其两侧各有 1 个黑点，从翅顶角至后缘末端 1/3 处有 1 条暗褐色斜纹，延伸至翅的中央部分后即消失。前翅外缘有 7 个小黑点。后翅基部灰白色，端部灰褐色（图2-9、图2-10）。

图2-9　黏虫成虫

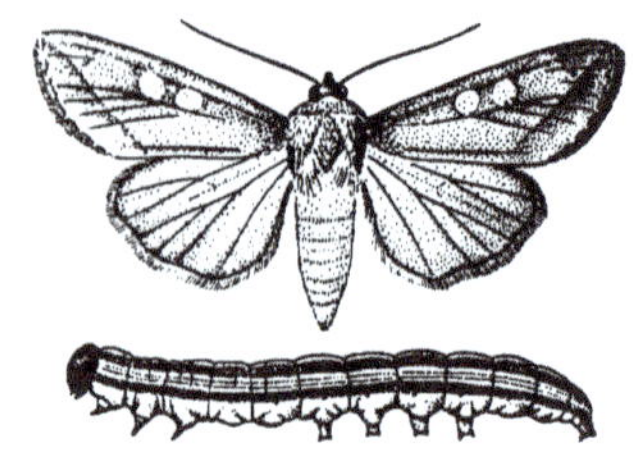

图2-10　黏虫的成虫（上）和幼虫（下）

雌蛾体色较浅，有翅缰3根，腹部末端尖，有生殖孔。雄蛾体色较深，前翅中央的圆斑较明显，翅缰只有1根，腹部末端钝，稍压腹部，露出1对抱握器。

2）卵。卵粒馒头形，有光泽，直径约0.5mm，表面有网状脊纹，初为乳白色，渐变成黄褐色，将孵化时为灰黑色。卵粒排列成行或重叠成堆。

3）幼虫。幼虫6龄，各龄头壳宽度与体长渐增大。老熟时体长36mm左右。头部棕褐色，沿蜕裂线有褐色丝纹，呈“八”字形。体色多变，有黑绿色、黑褐色、褐色、黄褐色或浅黄绿色等，全身有5条纵行暗色较宽的条纹，腹部圆筒形，两侧各有2条黄褐色至黑色，上下镶有灰白色细线的宽带，腹足基节有阔三角形黄褐色或黑褐色斑（图2-11、图2-12）。

图2-11　黏虫幼虫

图2-12　黏虫幼虫侧面观

4）蛹。蛹体长约19mm，前期红褐色，腹部5~7节背面前缘各有1排横齿状刻点。尾端有臀棘4根，中央2根较为粗大，其两侧各有细短而略弯曲的刺1根。在发育过程中，复眼与体色有明显变化，由红褐色渐变为褐色至黑色（图2-13）。

图2-13　黏虫蛹

【发生规律】

黏虫是一种迁飞性害虫，无滞育现象，只要条件适合可连续繁殖和生长发育。我国东半部大致以北纬33°（1月0℃等温线）为界，此线以北不能越冬，每年虫源均从南方随气流远距离迁飞而来。此线以南至北纬27°线以北，以幼虫和蛹越冬，北纬27°线以南冬季可持续发生。各地1年发生代数随纬度或海拔高度降低而递增。

黏虫在我国每年大迁飞4次。3~4月华南和江南的越冬代虫源迁入江淮和黄淮平原冬麦区，形成1代常发区。5~6月1代常发区的成虫羽化后，北迁至东北、内蒙古东部、华北北部、西北和西南部分地区，这是2代多发区。7~8月2代成虫羽化后，大部分向南回迁到海河平原和黄河下游平原，危害秋熟作物，形成华北3代多发区。8~9月3代成虫羽化后，绝大部分个体继续回迁到江南和华南稻区繁殖危害。近年来，1代黏虫发生区域明显北扩，2代、3代黏虫的发生范围明显扩大，4代黏虫则有所北扩。各地除了当地虫源外，还要关注虫源的迁入或迁出。

成虫需补充营养，喜食花蜜，对甜酸气味和黑光灯趋性很强。白天多栖息在隐蔽的场所，黄昏后活动取食，交尾产卵。雌蛾产卵具有较强的选择性，喜欢在生长茂密的禾谷类作物田产卵。卵多产于玉米的中部叶片尖端或枯黄叶片上，也产在花丝、苞叶等部位。卵粒排列成行，组成卵块，每块有卵数十粒，多者数百粒。1 只雌蛾可产卵 1000 ~ 2000 粒。

幼虫共有 6 个龄期，5 ~ 6 龄幼虫为暴食阶段，食量占幼虫期总食量的 85% 以上。因而防治黏虫在 3 龄前进行为宜。幼虫在夜间活动较多，有假死性。低龄幼虫常躲在玉米喇叭口、叶腋和苞叶内，有时也躲在叶背和枯叶的卷缝中。虫口密度大时，4 龄以上的幼虫可群集转移危害。幼虫老熟后停止取食，顺植株爬行下移至根部，入土 3 ~ 4cm 深，做土茧化蛹。

黏虫抗寒力较低，在 0℃ 条件下，各虫态在 30 ~ 40 天后死亡，－5℃ 时仅生存数天。黏虫也不耐 35℃ 以上的高温。各虫态适宜的温度在 10 ~ 25℃，适宜的空气湿度在 85% 以上，降雨有利于黏虫发生，高温干旱则不利。水肥条件好、生长茂密的农田，黏虫重发。增施肥料，加大种植密度，实行灌溉，扩大间作套种面积等栽培措施都有利于黏虫发生。

黏虫的天敌种类很多，重要的有金星步行虫、黑卵蜂、绒茧蜂、姬蜂、蜘蛛、鸟类等，这些天敌对黏虫有一定的自然控制作用。

【防治方法】

1）人工诱虫、杀虫　从成虫羽化初期开始，在田间设置糖醋液诱虫盆，诱杀尚未产卵的成虫。糖醋液配比为红糖 3 份、白酒 1 份、食醋 4 份、水 2 份，加 90% 晶体敌百虫少许，调匀即可。配置时先称出红糖和敌百虫，用温水溶化，然后加入醋、酒。诱虫盆要高出作物 30cm 左右，诱剂保持 3cm 深，每天早晨取出蛾子，白天将盆盖好，傍晚开盖，5 ~ 7 天换诱剂 1 次。

还可用杨枝把或草把诱虫。取几条 1 ~ 2 年生叶片较多的杨树枝条，剪成约 60cm 长，将基部扎紧，就制成了杨枝把。将其阴干 1 天，待叶片萎蔫后便可倒挂在木棍或竹竿上，插在田间，在成虫发生期诱蛾。小谷草把或稻草把也用于诱蛾，每亩地插60~100个，可在草把上洒糖醋液，每5天更换1次，换下的草把要烧毁。

成虫趋光性强，在成虫交配产卵期，在田间安置杀虫灯，灯间距100m，在夜间诱杀成虫。

在卵盛期，可顺垄人工采卵，连续进行3~4遍。在大发生年份，如幼虫虫龄已大，可利用其假死性，击落捕杀或挖沟阻杀，防止幼虫迁移。

2）药剂防治。根据虫情测报，在幼虫3龄前及时喷药。用苯甲酰脲类杀虫剂有利于保护天敌。20%除虫脲悬浮剂每亩用10mL，25%灭幼脲悬浮剂每亩用25~30g，常量喷雾加水75kg，用弥雾机喷药加水12.5kg，配成药液施用。

喷雾法施药还可用80%敌百虫可溶性粉剂1000~1500倍液、80%敌敌畏乳油2000~3000倍液、50%马拉硫磷乳油1000~1500倍液、50%辛硫磷乳油1000~1500倍液、20%灭多威乳油1000~1500倍液、2.5%溴氰菊酯乳油3000~4000倍液或25%氧乐·氰乳油2000倍液等。

喷粉法施药可用2.5%敌百虫粉剂，每亩喷2~2.5kg。还可用50%辛硫磷乳油0.7kg，加水10kg稀释后拌入50kg煤渣颗粒，顺垄撒施。

近年推荐使用的还有40%氯虫·噻虫嗪（福戈）水分散粒剂（6~8g/亩），5%甲维盐微乳剂（5g/亩），10%阿维·氟酰胺悬浮剂（15~20mL/亩），52.25%氯氰·毒死蜱乳油（50g/亩），20%氯虫苯甲酰胺（10~15mL/亩），或22.5%噻虫·高氯氟悬浮剂（10mL/亩）等，都兑水30kg喷雾。

3. 棉铃虫 >>>>

棉铃虫为重要农业害虫，分布广泛，寄主植物多达200余种，主要危害玉米、棉花、麦类、豌豆、苜蓿、向日葵、茄科蔬菜等。近年来对玉米的危害明显加重。夏玉米田平均减产5%～10%，严重的可达15%以上。

【为害特点】

初龄幼虫取食嫩叶、花丝和雄花，3龄以后钻蛀危害，多钻入玉米苞叶内，食害果穗，5～6龄进入暴食期。幼虫取食的叶片出现孔洞或缺刻，有时咬断心叶，造成枯心。在叶片上也形成排孔，但孔洞粗大，形状不规则，边缘不整齐（图2-14）。幼虫可咬断花丝，造成籽粒不育。危害果穗时，多在果穗顶部取食，少数从中部苞叶蛀入果穗，咬食幼嫩籽粒，粪便沿虫孔排出（图2-15）。

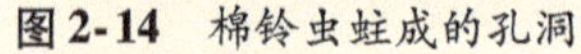

图2-14 棉铃虫蛀成的孔洞

图2-15 被钻蛀的玉米果穗

【形态特征】

棉铃虫属于鳞翅目夜蛾科，学名*Helicoverpa armigera*。

1）成虫。体长15～20mm，翅展31～40mm。雌蛾赤褐色，雄蛾灰绿色。前翅基线不清晰，内横线双线，褐色，锯齿形，中横线褐色，略呈波浪形，外横线双线，亚外缘线褐色，锯齿形，两线间为一褐色宽带。环形斑褐边，中央有一褐点，肾状斑褐边，中央有1个深褐色的肾形斑点。外缘各脉间有小黑点。后翅灰白色，沿外缘有黑褐色宽带，宽带中央有 2 个相连的白斑（图 2-16、图 2-17）。

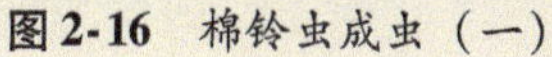

图 2-16 棉铃虫成虫（一）

图 2-17 棉铃虫成虫（二）

2）卵。初期乳白色，半球形，顶端稍隆起，底部较平。卵孔不明显，伸达卵孔的纵棱 11～13 条，纵棱分 2 岔和 3 岔而到达底部，中部通常为 25～29 条。纵棱间有横道 18～20 条。

3）幼虫。幼虫共 6 龄，老熟幼虫体长 40～45mm。头部黄绿色，生有不规则的网状纹。气门线白色或黄白色，体背面有 10 余条细纵线，各腹节上有刚毛瘤 12 个，刚毛较长。幼虫体色多变，有浅红色、黄白或黄褐色、浅绿色、墨绿色，以及其他色泽的虫体（图 2-18、图 2-19）。

图 2-18 棉铃虫黄褐色幼虫

图 2-19 棉铃虫绿色幼虫

4）蛹。纺锤形，赤褐色，体长17～20mm。腹部5～7节背面和腹面前缘有7～8排较稀疏的半圆形刻点。腹部末端钝圆，有臀棘2个。

【发生规律】

我国各地发生的代数不同，东北、西北、华北北部每年3代，黄淮流域4代，长江流域4～5代，华南6～8代。以滞育蛹在土层中做土茧越冬。

在黄淮流域，9月下旬至10月中旬老熟幼虫入土，在5～15cm深处筑土茧化蛹越冬。主要越冬场所在棉田、玉米田，其次为菜地和杂草地。第二年4月下旬至5月中旬，当气温升至15℃以上时，越冬代成虫羽化。1代幼虫主要危害春玉米、小麦、豌豆、苜蓿、番茄等作物，麦田发生最多。6月上旬和中旬入土化蛹，6月中旬和下旬1代成虫盛发，大量成虫迁入棉田产卵。2代和3代幼虫主要危害棉花，也危害玉米、蔬菜等作物。8月下旬至9月发生4代幼虫，蛀食棉铃、夏玉米果穗、高粱穗部。通常9月下旬以后陆续进入越冬。

在甘肃河西走廊，玉米田棉铃虫1年发生3代，以蛹在玉米田土壤中越冬。越冬代成虫以本地虫源为主，还有来自外地的虫源。外地虫源比本地虫源发生期早30天左右。2代幼虫危害玉米最重，始卵期在7月中旬，正值玉米处于大喇叭口期至抽雄初期。卵盛期在7月下旬，处于开花授粉阶段，卵终见期为8月上旬。孵化后的幼虫1～4龄幼虫以取食花丝为主，5～6龄幼虫以蛀食果穗幼嫩籽粒为主。

成虫吸食花蜜，在夜间活动，白天隐蔽。有趋光性，杨树枝对成蛾的诱集力强。在玉米上，卵多产于吐出不久的花丝上和刚抽出的雄花序上，也产于苞叶、叶片和叶鞘上。每雌可产卵100～200粒。卵散产，每处1～5粒不等。初龄幼虫取食嫩叶、幼嫩的花丝和雄花，3龄以后多食害果穗，幼虫有转株危害习性。末龄幼虫入土化蛹。

棉铃虫属喜温喜湿性害虫，成虫产卵适温在23℃以上、20℃以下很少产卵。幼虫发育以25～28℃和相对湿度75%～90%最为适宜。在北方尤以湿度的影响最为显著。月降雨量在100mm以上，相对湿度70%以上时危害严重。但雨水过多会造成土壤板结，不利于幼虫入土化蛹，蛹的死亡率也增高。暴雨可冲掉棉铃虫卵，对其也有抑制作用。

水肥条件好、长势旺盛的棉田、玉米田，间作、套种的玉米田都适于棉铃虫发生。近年麦、棉套种面积增加，对4代棉铃虫发生十分有利，为第二年棉铃虫发生提供了较多的虫源。

棉铃虫的天敌较多，有赤眼蜂、绒茧蜂、茧蜂、姬蜂、寄蝇、蜘蛛、草蛉、瓢虫、螳螂、小花蝽等60多种，这些天敌有明显的自然控制作用。

【防治方法】

棉铃虫危害的作物种类多，虫源转移关系复杂，防治工作应统筹安排。玉米田在发虫量很少时，可结合其他害虫的防治予以兼治。当发虫量增多时，或玉米田在当地棉铃虫虫源转移中起重要作用时，需采取针对性防治措施。

1）栽培防治。玉米收获后及时耕翻耙地，实行冬灌，消灭棉铃虫的越冬蛹。在棉田种植春玉米诱集带，诱集棉铃虫成虫产卵，及时捕蛾灭卵，在玉米地边也可种植洋葱、胡萝卜等诱集植物。在成虫发生期设置诱虫灯、性诱剂、杨树枝把等诱杀成虫。

2）药剂防治。抓住施药关键期，在棉铃虫幼虫3龄以前施药。用于喷雾的药剂有50%辛硫磷乳剂1000～1500倍液、44%丙溴磷乳油1500倍液、45%丙溴·辛硫磷乳油1000～1500倍液、44%氯氰·丙溴磷乳油2000～3000倍液、2.5%氯氟氰菊酯乳油2000倍液、4.5%高效氯氰菊酯乳油1500～2000倍液、43%辛·氟氯氰乳油1500倍液、15%茚虫威悬浮剂4000～5000倍液、75%硫双威可湿性粉剂3000倍液、5%氟铃脲乳油2000～3000倍液、5%氟虫脲乳油1000倍液，或1.8%阿维菌素4000～

5000 倍液等。喷药需在早晨或傍晚进行，喷药要细致周到。长期使用单一品种农药，可使棉铃虫的抗药性增强，防治效果下降，因此要合理轮换交替用药。

发生较轻的田块还可施用 3% 辛硫磷颗粒剂，每亩用 0.5kg，拌细土 7.5kg，混匀后撒入心叶。也可在玉米花期，幼虫 3 龄以前，在雌穗顶端花丝基部滴注 50% 敌敌畏乳油或 50% 辛硫磷乳油 600～800 倍液，或 2.5% 溴氰菊酯乳油 1000 倍液，每穗滴配好的药液 0.5mL。

有的地方用剪花丝抹药泥法，防止棉铃虫由顶端蛀入果穗。该法在夏玉米果穗花丝萎蔫后，正值 4 代幼虫钻蛀时施药。一般由两人操作，一人在前，剪果穗花丝和苞叶，另一个人随后抹药泥。药泥用 80% 敌敌畏乳油 50mL，兑水 50kg，加适量细土，搅拌成泥状制成。每千克药泥可涂抹 150 株左右。

3）生物防治。要保护和利用天敌，施用杀虫剂时，要选择对天敌杀伤较轻的品种、剂型或施药方法。在棉铃虫卵盛期，可人工释放赤眼蜂（每亩 1.5 万～2 万只）。在卵高峰期至幼虫孵化盛期可喷布苏云金杆菌制剂或棉铃虫核多角体病毒制剂。喷施棉铃虫核多角体病毒制剂时，若使用含量为 10 亿 PIB/g 的制剂（PIB，多角体的英文缩写，用以表示病毒浓度的单位），每亩用药量为 100g 左右；使用含量为 600 亿 PIB/g 的制剂，每亩用药量为 2g 左右，均加水稀释后，进行常规喷雾或弥雾机喷雾。

4. 二点委夜蛾 >>>>

二点委夜蛾是玉米新害虫，近年在黄淮海地区普遍发生，对夏玉米生产构成严重威胁。

【为害特点】

在玉米 3～6 叶期，幼虫在茎基部蛀孔危害，切断营养物质

和水分输导，导致心叶萎蔫，整株枯死。有时还咬断茎基部，也造成幼苗死亡。在7～10叶期，幼虫取食气生根近地嫩尖，咬断气生根，受害株倾斜倒伏或生长细弱，结实不良。另外，也可咬食下部叶片，造成缺刻、孔洞和破损。

【形态特征】

二点委夜蛾（*Proxenus lepigone*）属鳞翅目夜蛾科，有成虫、卵、幼虫、蛹等虫态。

1）成虫。体长10～12mm，翅展20mm，雌虫略大于雄虫，灰褐色。前翅灰褐色，有暗褐色细点，环状纹仅为一黑点，肾状纹小，有黑点组成的边缘，其外侧中凹，有一明显的白点。翅的外缘约有7～8个黑点，后翅白色微褐，端区暗褐色（图2-20）。

2）卵。馒头状，上有纵脊，初产黄绿色，后变土黄色。

3）幼虫。共6龄。老熟幼虫体长约20mm，体色灰褐色，头部褐色。腹部背面有两条褐色亚背线，各节背部正中有一个倒三角形的深褐色斑纹，各节还有4个白色小点（图2-21）。

图2-20　玉米二点委夜蛾成虫

图2-21　玉米二点委夜蛾幼虫

4）蛹。长10mm左右，化蛹初期浅黄褐色，渐变为褐色，外被椭圆形丝质土茧。

【发生规律】

二点委夜蛾在黄淮海小麦玉米连作区，1 年发生 4 代，主要以作茧后的幼虫越冬，少数以蛹或未作茧的幼虫越冬。第二年 3 月越冬幼虫陆续化蛹。4 月上旬和中旬成虫羽化。1～2 代幼虫取食小麦、玉米为主，2 代幼虫是危害夏玉米的主害代，从 6 月下旬和中旬开始，幼虫危害玉米幼苗，延续到 7 月上中旬。3 代幼虫数量较少，栖息场所复杂，部分幼虫可继续在玉米田危害。

成虫喜于在麦套玉米田活动，昼伏夜出，白天隐藏在植株下部叶背、土缝间或地表麦秸下，有趋光性。成虫飞行或随气流扩散，飞翔高度 1m 上下，每次飞翔距离 3～5m。卵多散产于玉米苗基部和附近土壤，1 只雌虫能产卵 300～2000 粒，产卵期持续约 1 个月。

幼虫有避光习性，在玉米根际还田的碎麦秸下或 2～5cm 深的表土层活动，白天隐蔽潜伏，夜间取食危害。有假死性，遇到惊扰后躯体弯曲成“C”形假死。有转株危害的习性。老熟幼虫在土中吐丝，黏结土粒做成土茧化蛹。田间幼虫虫龄不整齐，1～5 龄幼虫可同期存在。老熟幼虫多在作物附近土表作茧化蛹。

二点委夜蛾喜好荫蔽、潮湿的环境。实行小麦秸秆还田后，麦秸、麦糠覆盖密度大的地块发生较重。棉田倒茬的玉米田比重茬玉米田发生严重，播种晚的田块比播种早的严重，田间湿度高的比湿度低的严重。

【防治方法】

主要防治麦茬夏玉米田，尤以麦秸和麦糠覆盖厚的田块为重点，麦收后到夏玉米 6 叶期前为主要防控时期。

1）栽培防治。4 月初结合棉花等春播作物的播种，对前茬为棉田、豆田的冬闲田且没有秋耕的地块进行深耕，破坏越冬幼虫栖息场所，减少虫源基数。小麦收割时在收割机上加挂旋耕灭茬装置，粉碎小麦秸秆，在麦田施用秸秆腐熟剂，或人工用钩、耙等农具，局部清理播种沟的麦秸、麦糠等覆盖物，露出播种沟，使玉米出苗后茎基部无覆盖物。也可结合秸秆能源化利用项目，将小麦秸秆全部清理到田外，集中回收再利用。

2）诱杀成虫。在成虫羽化期（麦收时到玉米6叶期前），利用高效频振式杀虫灯大面积诱杀成虫，每30～50亩设置一盏诱虫灯。还可用性诱剂和杨树枝把诱虫。

3）药剂防治。施药方式有撒施毒饵、施用毒土、灌药、喷药等，要配合使用。

① 撒施毒饵：每亩用4～5kg炒香的麦麸或粉碎后炒香的棉籽饼作为饵料，加90%晶体敌百虫或48%毒死蜱乳油300～500g（兑少量水）拌成毒饵，于傍晚顺垄撒施在已清垄的玉米根部周围，不要撒到玉米上。还可用甲维盐、氯虫苯甲酰胺或辛硫磷配制毒饵。

② 施用毒土：每亩用80%敌敌畏乳油300～500mL，加适量水，拌25kg细土或细砂，制成毒土，于早晨顺垄均匀撒在经过清垄的玉米苗旁边。毒土要与玉米苗保持一定距离，以免产生药害。也可用毒死蜱、氯虫苯甲酰胺等制成毒土。

③ 灌药：每亩用50%辛硫磷乳油或48%毒死蜱乳油1kg，在浇地时随水灌药，灌入田中。最好在清理麦秸、麦糠后，使用机动喷雾机，将喷枪调成水柱状直接喷射玉米根部。同时要培土扶苗。也可用2.5%氯氟氰菊酯1500倍液灌根。

④ 喷药：夏玉米播种后出苗前，用高压喷雾器喷药，打透覆盖的麦秸，杀灭在麦秸上产卵的成虫、卵及幼虫。有效药剂有48%毒死蜱乳油1000～1500倍液、80%敌敌畏乳油1000倍液、40%毒·辛乳油1000倍液，以及甲维盐、氯虫苯甲酰胺等。不要单独使用菊酯类杀虫剂。

在幼虫2龄期，喷布50%辛硫磷乳油1000倍液、80%敌敌畏乳油1000倍液、48%毒死蜱乳油1000～1500倍液、40%甲基异柳磷乳油1000倍液、40%毒·辛乳油1000倍液、15%茚虫威悬浮剂3000倍液、2%甲维盐乳油1000倍液、4%高氯甲维盐乳油1000～1500倍液、20%氯虫苯甲酰胺悬浮剂5000倍液等。每亩用水量不要低于30kg，对玉米幼苗、田块表面全面喷施，对玉米茎基部及其周围着重喷施。已喷施烟嘧磺隆除草剂的田块，在用药前、后7天应避免使用有机磷类农药，以免产生药害。

5. 玉米叶夜蛾 >>>>>

玉米叶夜蛾又名甜菜夜蛾，分布广泛，寄主种类多达170余种，其中包括玉米、高粱、谷子、甜菜、棉花、大豆、花生、烟草、苜蓿、蔬菜等。该虫具有暴发性，猖獗发生年份可造成重大损失，近年来有加重发生的趋势。

【为害特点】

幼虫取食叶片。低龄幼虫在叶片上咬食叶肉，残留一侧表皮，成透明斑点，大龄幼虫将叶片吃成孔洞或缺刻，严重的将叶片吃成网状。危害幼苗时，甚至可将幼苗吃光。

【形态特征】

玉米叶夜蛾属鳞翅目夜蛾科，学名 *Spodoptera exigua*（*Laphygma exigua*）。该虫有成虫、卵、幼虫、蛹等虫态。

1）成虫。体长10～14mm，翅展25～33mm，灰褐色。前翅中央近前缘的外侧有肾形纹1个，内侧有环形纹1个，肾形纹大小为环形纹的1.5～2倍，土红色。后翅银白色，略带紫粉红色，翅缘灰褐色（图2-22）。

图2-22 玉米叶夜蛾成虫

2）卵。馒头形，白

色，直径0.2~0.3mm。

3）幼虫。老熟后体长22mm，体色变化较大，有绿色、暗绿色、灰绿色、黄褐色、褐色、黑褐色等不同颜色。气门下线为黄白色纵带，每节气门后上方各有1个明显的白点（图2-23）。

图2-23 玉米叶夜蛾幼虫

4）蛹。体长10mm，黄褐色。

【发生规律】

玉米叶夜蛾在华北1年发生3~4代，在陕西、山东、江苏等地发生4~5代，长江流域发生5~6代，世代重叠。在长江以北以蛹在土室内越冬，在其他地区各虫态都可越冬，在亚热带和热带地区无越冬现象。

成虫白天潜伏在土缝、土块、杂草丛中及枯叶下等隐蔽处所，夜晚活动，成虫趋光性强，趋化性稍弱。卵产于叶片背面，聚产成块，卵块单层或双层，卵块上覆盖灰白色绒毛。幼虫5龄，少数6龄。3龄前群集叶背，吐丝结网，在内取食，食量小。3龄后分散取食，4龄后食量剧增。幼虫杂食性，昼伏夜出，畏阳光，受惊后卷成团，坠地假死。幼虫老熟后入土，吐丝筑室化蛹，化蛹深度多为0.2~2cm。

玉米叶夜蛾具有间歇性发生的特点，不同年份发虫量差异很大。玉米叶夜蛾对低温敏感，抗旱性弱。不同虫期的抗寒性又有差异，蛹期和卵期抗寒性稍强，成虫和幼虫抗寒性更弱。成虫在0℃条件下，几天甚至几小时后死亡，幼虫在2℃时几天后大量死亡。若以抗寒性弱的虫期进入越冬期，冬季又长期低温，则越冬死亡率高，第二年春季发虫少。

【防治方法】

1）诱杀成虫。在成虫数量开始上升时，可用黑光灯、高压汞灯或糖醋液诱杀成虫。也可利用玉米叶夜蛾性诱剂诱杀雄虫。

2）栽培防治。铲除田边地头的杂草，减少滋生场所；化蛹期及时浅翻地，消灭翻出的虫蛹；利用幼虫假死性，人工捕捉，将白纸或黄纸平铺在垄间，震动植株，幼虫即落到纸上，捕捉后集中杀死；晚秋或初冬翻耕，消灭越冬蛹。

3）药剂防治。大龄幼虫抗药性很强，应在幼虫 2 龄以前及时喷药防治。在卵孵化期和 1～2 龄幼虫盛期施药，用 5% 高效氯氰菊酯乳油 1500 倍液与菊酯伴侣 500～700 倍液混合于傍晚喷雾。也可用 2.5% 氟氯氰菊酯乳油 1000 倍液加 5% 氟虫脲乳油 500 倍液混合喷雾，或 10% 氯氰菊酯乳油 1000 倍液加 5% 氟虫脲乳油 500 倍液混合喷雾。晴天在清晨或傍晚施药，阴天全天都可施药。

对大龄幼虫或已经产生抗药性的幼虫，可用 10% 溴虫腈悬浮液 1000～1500 倍液、48% 毒死蜱乳油 1000～1500 倍液、5% 氯虫苯甲酰胺悬浮剂 1500 倍液、15% 茚虫威悬浮剂 3500 倍液，或 20% 氟虫双酰胺水分散粒剂 2500 倍液等喷雾。

6. 地下害虫 >>>>

地下害虫是指生活史的全部或大部分时间在土壤中生活，危害植物的地下部分和近地面部分的一类害虫。地下害虫种类较多，本节介绍主要地下害虫，即蛴螬、金针虫、蝼蛄和地老虎。

【为害特点】

蛴螬的食性很杂，几乎危害包括玉米在内的各种农林植物。蛴螬在土层内活动。在地下取食多种植物的种子、须根、营养根及地下茎的皮层，可深达髓部，还能咬断幼苗的根、茎，断面整齐平截，易于识别。蛴螬危害多造成缺苗、死苗，严重时毁种。

部分种类的成虫取食叶片、嫩茎，将叶片咬食成缺刻或孔洞，严重的仅残留叶脉基部。

金针虫取食土壤中的种子、幼芽或咬断幼苗，有的还蛀入较大玉米苗的地下茎，受害幼苗变黄枯死，造成缺苗断垄。

蝼蛄以成虫、若虫咬食刚播下的种子、幼苗的根和嫩茎，把茎秆咬断或扒成乱麻状，使小苗枯死，大苗枯黄。蝼蛄在表土活动时，挖掘纵横隧道，使幼苗吊空而死。

地老虎幼虫取食幼苗，造成缺苗，严重时毁种。1 龄幼虫取食嫩叶，只吃叶肉，残留表皮和叶脉，2～3 龄咬食叶片，造成孔洞或缺刻，4 龄以后还咬断幼根、幼茎、叶柄，可切断近地面的茎部，使整株枯死。

【形态特征】

1）蛴螬。蛴螬为金龟甲的幼虫。金龟甲为鞘翅目金龟甲总科昆虫。常见蛴螬种类有华北大黑鳃金龟、东北大黑鳃金龟、暗黑鳃金龟、棕色鳃金龟、黑皱鳃金龟、铜绿丽金龟、四纹丽金龟（中华弧丽金龟）等多种。

金龟甲有成虫、卵、幼虫、蛹等虫态（图 2-24）。成虫是一类甲虫，身体坚硬肥厚，前翅为鞘翅，后翅膜质。口器咀嚼式，

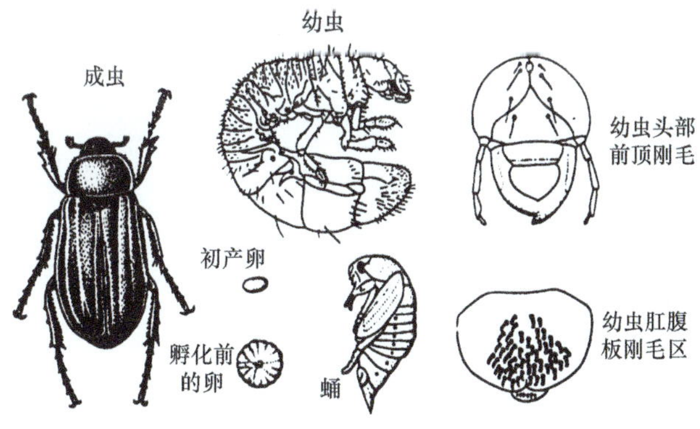

图 2-24　华北大黑鳃金龟（*Holotrichia oblita*）

触角10节左右，鳃叶状，末端叠成锤状，中胸有小盾片，前足开掘式。幼虫（蛴螬）体白色，柔软多皱，胸足3对4节，腹部末端向腹面弯曲（图2-25）。肛腹板刚毛区散生钩状刚毛，多数品种还着生刺毛列，这是区分种类的重要特征。

图2-25　幼虫蛴螬

2）金针虫。金针虫为鞘翅目叩头甲科昆虫的幼虫，因虫体黄褐色、细长光滑而得名。金针虫的成虫是细长的褐色甲虫，躯体略扁，末端尖削，前胸背板后缘两角常尖锐突出，密被黄色或灰色细毛，受压时前胸可做“叩头”的动作（图2-26）。幼虫金黄色或褐黄色，体细长，略扁，坚硬光滑（图2-27）。蛹均为裸蛹。常见的种类有沟金针虫（*Pleonomus canaliculatus*）、细胸金针虫（*Agriotes fuscicollis*）、褐纹金针虫（*Melanotus caudex*）等，其尺度、色泽、形态均有不同，尾节有明显差异，可资区分（图2-28）。

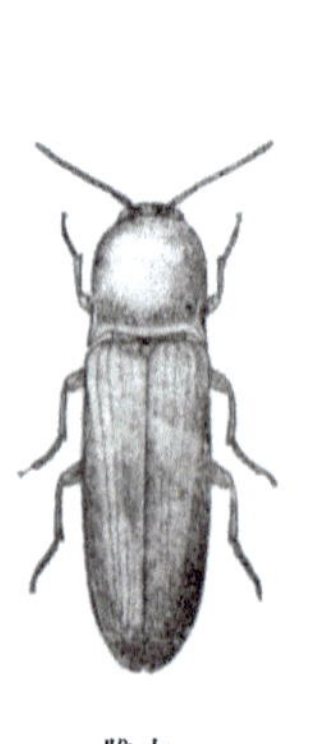

雌虫

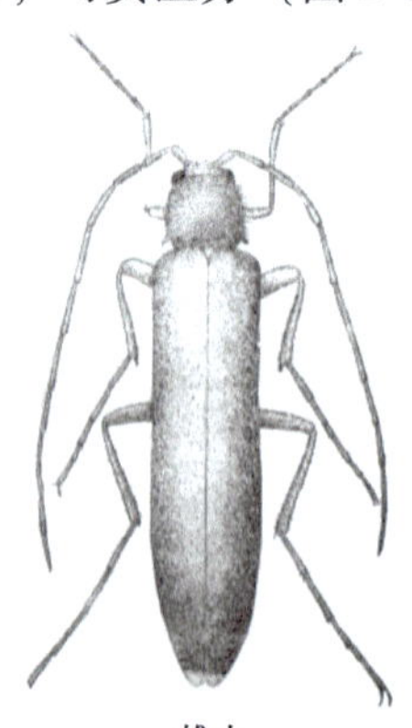

雄虫

图2-26　沟金针虫成虫

图2-27　沟金针虫幼虫

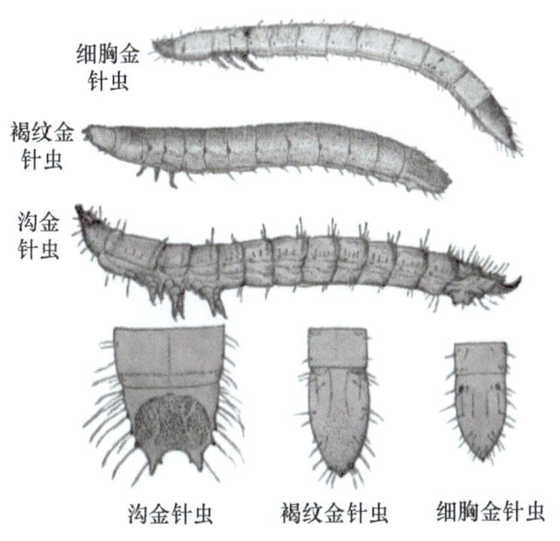

图 2-28 三种金针虫及其尾节

3）蝼蛄。蝼蛄属于直翅目蝼蛄科，有成虫、卵、若虫等虫态。常见种类有华北蝼蛄（*Gryllotalpa unispina*）和东方蝼蛄（*G. orientalis*）两种。

华北蝼蛄成虫黄褐色，全身密生黄褐色细毛。前胸背板呈盾形，中央有一个较大的暗红色心脏形斑。前翅黄褐色，覆盖腹部不到 1/3。后翅纵卷成筒状，伏于前翅之下，长度超过腹末端。具 1 对长尾须。前足特别发达，为开掘式，适于挖土行进。前足腿节内侧外缘呈“S”形弯曲，缺刻明显。后足胫节背面内侧有刺 1 个或缺，如图 2-29、图 2-30 所示。

图 2-29 华北蝼蛄（成虫）

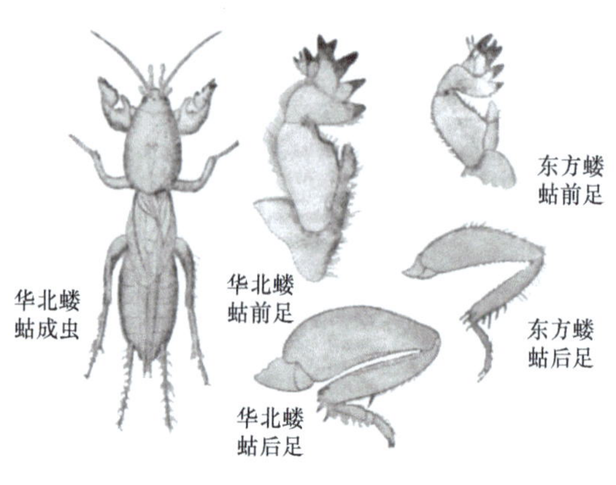

图 2-30 蝼蛄

东方蝼蛄成虫灰褐色。前胸背板卵圆形，中间具一较小的暗红色长心脏形斑，凹陷明显。前翅灰褐色，能覆盖腹部的 1/2。前足为发达的开掘足，腿节内侧外缘平直，无明显缺刻。后足胫节背面内侧有刺 3 ~ 4 个（图 2-30）。

4）地老虎。地老虎属于鳞翅目夜蛾科，有成虫、卵、幼虫、蛹等虫态。常见种类有小地老虎、黄地老虎、八字地老虎等。以小地老虎（*Agrotis ypsilon*）分布最广，危害最重。

小地老虎成虫是灰黑色蛾子。前翅有环状纹、肾状纹和楔状纹各 1 个，环状纹在中室中部，黑褐色；肾状纹在中室端部，黑色；楔状纹在内横线外侧中部。在肾状纹外侧有一个尖端向外的剑状纹，在亚外缘线内侧有两个尖端向内的黑色剑状纹，三纹尖端相对，这是其最显著的特征。静止时，前翅平披背上（图 2-31）。老熟幼虫头部黄褐色至暗褐色，体深灰色或暗褐色，背面有暗色纵带。体表粗糙，密布黑色圆形小颗粒。腹部 1 ~ 8 节各节背面有 2 对毛片，前面 1 对小而靠近，后面 1 对大而远离，4 个毛片排列成梯形。臀板黄褐色，有 2 条深色纵带（图 2-32）。

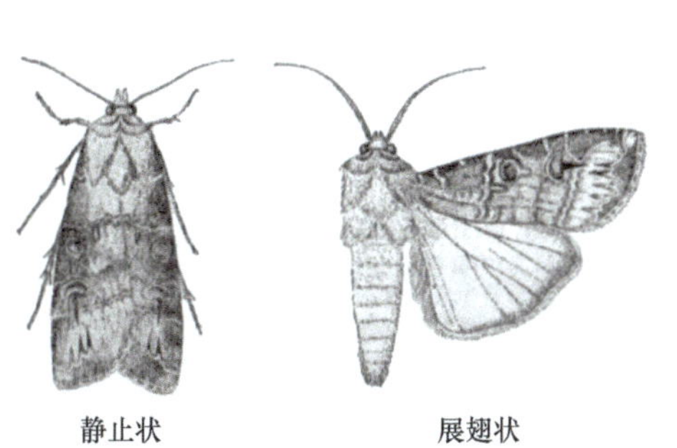

图 2-31 小地老虎成虫

图 2-32 小地老虎（幼虫）

【发生规律】

1）蛴螬。蛴螬类的生活史因种类和地区不同而有很大差异。现以华北大黑鳃金龟为例说明。该虫多数 2 年 1 代，少部分个体 1 年 1 代，以成虫或幼虫交替在 80～100cm 深的土层中越冬。以成虫越冬时，第二年夏、秋季危害严重。以幼虫越冬时，第二年春季危害严重。成虫昼伏夜出，白天潜伏于土层中和作物根际，傍晚开始出土活动，午夜后相继入土。成虫具趋光性，对黑光灯趋性强，对厩肥和腐烂的有机物也有趋性。幼虫（蛴螬）全在土壤中活动危害。老熟幼虫在土层里化蛹。

2）金针虫。沟金针虫在我国北方 2～3 年发生 1 代。3 年发生 1 代的，第一年和第二年以幼虫越冬，第三年以成虫越冬。越冬处所在地下 20～80cm 深处。春季越冬幼虫开始上升活动，4 月为幼虫危害盛期。5～6 月温度升高，幼虫又潜入地下隐蔽，盛夏潜入更深处。直到秋季，幼虫又返回地表层危害，11 月以后潜入土壤深处越冬。一般在第三年秋季幼虫老熟，在土壤中化蛹。成虫羽化后当年不出土，在土里越冬。第二年春、夏季成虫产卵。成虫不危害，有假死性，雄虫有趋光性。

细胸金针虫在我国北方2年发生1代，第一年以幼虫，第二年以老熟幼虫、蛹或成虫在地下越冬。有些地方3年完成1代。褐纹金针虫一般3年完成一个世代。当年孵化的幼虫发育至3龄或4龄时越冬，第二年以5~7龄幼虫越冬，第3年6~7龄幼虫在7~8月间于20~30cm土层深处化蛹。成虫羽化后在土层内越冬。

沟金针虫幼虫不耐潮湿，多发生在土质疏松、有机质较缺乏的旱地。细胸金针虫危害盛期的最适地温较沟金针虫低，春、秋两季是其危害盛期，适生于潮湿黏重的土壤，水浇地发生较多。褐纹金针虫适生于土壤较湿润、有机质含量较多、较疏松的土壤环境。黏重、有机质少、干燥的土壤很少发生。

3）蝼蛄。华北蝼蛄在北方大部分地区3年完成1代，以成虫和8龄以上的若虫在地下60~120cm深处土层内越冬。春季上升活动，常将表土顶出约10cm长的新鲜虚土堆。夏季潜入地下越夏。秋季又复上移危害，其后以8~9龄若虫越冬。第二年春季，越冬若虫上升危害，秋季12~13龄若虫移入土层深处越冬。第三年8月上中旬若虫羽化，该年以成虫越冬，越冬成虫在第四年产卵。东方蝼蛄在北方各地2年发生1代，在南方1年发生1代，以成虫或各龄若虫在地下越冬。

华北蝼蛄具有趋光性和趋化性，但因形体大和飞翔力弱，黑光灯不易诱到。华北蝼蛄喜好栖息于松软潮湿的壤土或沙壤土。华北蝼蛄主要分布于长江以北，多发生于沿河、沿海及湖边的低湿地区。

东方蝼蛄昼伏夜出，在气温高、湿度大、闷热的夜晚，大量出土活动。该虫有趋光性和趋化性。壤土和沙壤土发生多。东方蝼蛄在我国各地均有分布，南方比北方危害严重。

4）小地老虎。在东北、内蒙古、西北地区北部1年发生2~3代，华北3~4代，华东4代，西南4~5代，华南6~7代。北纬33°以北地区，春季虫源是由南方迁飞而来的。北纬33°以南至南岭以北，主要以幼虫和蛹越冬。南岭以南可终年繁殖危害。

各地都以1代发生数量多，时间长，危害严重。

成虫昼伏夜出，在春季傍晚气温达8℃时即开始活动，具强趋光性和趋化性。成虫多产卵在土块、地面缝隙内，其次在土面的枯草茎、须根、草秆上，也可产在杂草和作物幼苗贴近地面的叶背和嫩茎上。幼虫6龄，少数个体可达7~8龄。3龄前在植物叶背和心叶处昼夜取食。3龄后白天潜伏在植株周围表土中，夜间出来活动和危害，有假死习性，受惊后可收缩成环形。幼虫老熟后，选择比较干燥的土壤筑土室化蛹。

小地老虎的适温范围为13.4~24.8℃，适宜的相对湿度为50%~90%。小地老虎在地势低洼、雨量充足的地方发生多，土壤含水量影响成虫产卵和幼虫存活，以土壤含水量15%~20%适宜。土质疏松、保水性好的土壤适于小地老虎发生、杂草丛生、靠近荒地的地块发生也多。

【防治方法】

地下害虫种类多，在同一地区可混合发生，同时或交替危害，发生态势复杂，需要在全面调查和掌握虫情的基础上，根据种类、密度、作物的具体情况，统筹安排，综合防治。

1）栽培防治。调整茬口，合理轮作。蛴螬发生严重的地块可改种双子叶非嗜好作物，或行水旱轮作，以降低虫口密度。播前实行深耕翻犁，休闲地要伏耕，以破坏地下害虫的生活环境和杀伤虫体，或将其翻到土面，经暴晒、冷冻和鸟兽啄食而死亡。要清洁田园，及时铲除田埂、路旁的杂草，减少地下害虫早期食料，破坏其滋生繁殖场所。实行冬灌，生长季节适时灌水，淹死地下害虫，或迫使地下害虫下潜，以减轻危害。要施用充分腐熟的粪肥，避免带入幼虫和卵，施入后要覆土，不能暴露在土表，避免吸引金龟甲、蝼蛄等产卵。

2）扑杀、诱杀害虫。金龟甲具有假死性，在盛发期，可摇动植株，使之落地后扑杀。春季在蝼蛄开始上升活动而未迁移时，根据地面隆起的虚土堆，寻找虫洞，沿洞深挖，可找到蝼蛄并杀死。夏季在蝼蛄产卵盛期，结合中耕，发现洞口后，向下挖10～18cm即可找到卵室，再向下挖8cm左右就可挖到雌成虫，一并消灭。人工扑杀小地老虎幼虫，可在被害植株的周围用手轻轻扒开表土，扑捉潜伏的幼虫。发现受害株后，每天清晨扑捉，坚持10～15天，即可见效。

金龟甲、沟叩头甲雄虫、蝼蛄、地老虎成虫有趋光性，可设置黑光灯诱杀。

多种金龟甲喜食树木叶片，可于成虫盛发期在田间插入药剂处理过的带叶树枝来毒杀成虫。该法取20～30cm长的榆树、杨树或刺槐的枝条，浸入敌百虫的稀释药液中，或用药液均匀喷雾，使之带药。在傍晚插入田间诱杀成虫。

堆草诱杀细胸金针虫，在田间设置10～15cm厚的小草堆，每亩20～50堆，在草堆下撒布1.5%的乐果粉少许，每天早晨翻草扑杀。

蝼蛄对马粪有趋性，可将新鲜马粪放置在坑中或堆成小堆诱集，人工扑杀，也可在马粪中拌入0.1%的敌百虫或辛硫磷诱杀蝼蛄。

用泡桐树叶可诱集地老虎幼虫。黄昏后在田间放置泡桐叶片，每3～5片叶放一小堆，每亩地放置泡桐树叶80片左右，黎明时掀起树叶扑杀幼虫，放置一次，效果可持续4～5天。也可用泡桐树叶蘸敌百虫150倍液后直接用于诱杀。地老虎成虫可用糖醋液诱杀。糖醋液用红糖3份、米醋4份、白酒1份、水2份（按重量计），加少量（约1%）敌百虫配制，放在小盆或大碗里，天黑前放置在田间，天明后收回，收集蛾子并深埋处理。每10～15天更换一次糖醋液。

3）药剂防治。

①种子处理：50%辛硫磷乳油或40%甲基异柳磷乳油，用种子重量0.1%～0.2%的药量拌种，先用种子重量5%～10%的水将药剂稀释，稀释液用喷雾器喷洒在种子上，堆闷12～24h，待种子将药液完全吸收后，摊开晾干即可播种。用48%

毒死蜱乳油10mL，加水1kg稀释后拌种10kg，堆闷3~5h后播种。另外，30%氯氰菊酯悬浮种衣剂，可按1∶40的药种比进行拌种。

近年也利用吡虫啉或噻虫嗪等新药剂拌种，或用含有相同成分的种衣剂包衣，可防治地下害虫，同时兼治苗期蓟马、蚜虫、灰飞虱等。例如，70%吡虫啉湿拌种剂按种子量的0.6%进行种子包衣，70%噻虫嗪种子处理可分散粉剂5g，兑水50g，拌玉米种子2.5kg。

② 土壤处理：常用有机磷杀虫剂毒土或颗粒剂进行土壤处理。

a. 90%敌百虫晶体1.4kg加少量水稀释后，喷拌100kg细土，制成毒土，将毒土撒于播种穴中或播种沟中，但不要接触种子。2.5%敌百虫粉剂每亩用1.5~2kg，拌细土20~25kg，撒施幼苗根部附近，结合中耕埋入浅层土壤。

b. 50%辛硫磷乳油每亩用250mL，兑水1~2kg，拌细土20~25kg制成毒土，耕翻时均匀撒于地面，随后翻入土中。3%辛硫磷颗粒剂每亩用4kg，或5%辛硫磷颗粒剂每亩用2kg，拌细土后在播种沟中撒施。也可在苗期每亩用3%辛硫磷颗粒剂2~3kg，顺行开小沟撒施入土中，随即覆土。

c. 3%甲基异柳磷颗粒剂，每亩施用1.5~2kg，施于播种沟内。2%甲基异柳磷粉剂每亩用2kg，与干细土30~40kg混合拌匀，制成药土，播前将药土撒施于播种穴中或播种沟中（不要直接接触种子），或苗期顺垄撒施于地面，然后浅锄覆土。

d. 3%氯唑磷（米乐尔）颗粒剂每亩用药2~5kg，拌细土50kg后均匀撒施在植株根际附近，或均匀撒于地表，再耙入土中。40.7%毒死蜱乳油150mL，拌干细土15~20kg制成毒土施用。

③ 施用毒饵：诱杀蝼蛄可用炒香的谷子、麦麸、豆饼、米糠或玉米碎粒等做饵料，拌入饵料量1%的40%乐果乳油或90%敌百虫结晶做成毒饵。操作时先用适量水将药剂稀释，然后喷拌

饵料。施用时将毒饵捏成小团，散放在株间、垄沟内或放在蝼蛄洞穴口，诱杀蝼蛄，毒饵不要与苗接触，浇水时应先将毒饵取出。也可在田间每隔 3～4m 挖一浅坑，在傍晚放入一捏毒饵再覆土。

诱杀地老虎幼虫可用 90% 敌百虫 0.5kg，加水稀释 5～10 倍，喷拌铡碎的鲜菜叶、苜蓿叶等 50kg，制成毒饵。傍晚成小堆撒在田间，诱杀幼虫。也可用豆饼、油渣、棉籽饼或麦麸做诱饵，方法是将粉碎过的豆饼等 20～25kg 炒香后，用 50% 辛硫磷或 50% 马拉硫磷 0.5kg 稀释 5～10 倍的药液，喷拌均匀制成。然后按每公顷 30～37.5kg 的用量，将毒饵撒入田间。还有的地方用 50% 敌敌畏乳油 1000 倍液喷拌莴笋叶，然后放入田间，效果也好。

④ 灌根、喷雾：在蛴螬、金针虫、地老虎等发生严重的地块，可用 80% 敌百虫可溶性粉剂 1000 倍液、50% 辛硫磷乳油 1000～1500 倍液、40% 甲基异柳磷乳油 1000～1500 倍液，或 48% 毒死蜱乳油 1500 倍液进行灌根。也可进行地面喷粗雾，每亩喷药液 40kg。防治蝼蛄可用 50% 辛硫磷乳油 1000～1500 倍液或 80% 敌敌畏乳油 2500 倍液灌注蝼蛄隧洞的穴口，也可从穴口滴入数滴煤油，再向穴内灌水。危害严重的地块，可用药液灌根。

防治金龟甲成虫，可对成虫期集中取食的作物、杂草、树木等施药。可在盛发期用 80% 敌百虫可溶性粉剂 1000 倍液或 50% 辛硫磷乳油 1000～1500 倍液喷雾。

喷药防治小地老虎幼虫，需在 3 龄前施药，可用 80% 敌百虫可溶性粉剂 1000 倍液、50% 辛硫磷乳油 1000～1500 倍液、2.5% 溴氰菊酯乳油 2000 倍液，或 20% 菊·马乳油 3000 倍液等。

7. 双斑萤叶甲 >>>>>

双斑萤叶甲又名双斑长跗萤叶甲，是农作物的主要害虫，分

布广泛。近年在黄淮海夏玉米栽培区异常发生，严重田块虫株率可达45 %以上，减产可达15% ~20%。该虫多食性，寄主很多，除玉米外，还有杂粮、豆类、马铃薯、棉花、麻类、向日葵、蔬菜、果树等重要作物。

【为害特点】

双斑萤叶甲成虫取食玉米叶片、花丝和刚灌浆的嫩粒。受害株叶片出现缺刻和孔洞，严重的仅残留叶脉。该虫喜食花药、花丝，使玉米不能正常扬花和授粉。籽粒受害后破碎，可诱发穗腐病。

【形态特征】

双斑萤叶甲鞘属于鞘翅目叶甲科萤叶甲亚科，学名 *Monolepta hieroglyphica* 。该虫有成虫、卵、幼虫、蛹 4 个发育阶段。

1）成虫。长卵圆形，体长 3.5 ~4.0mm。头、胸赤褐色。复眼黑色，触角 11 节，丝状，灰褐色，端部黑色。鞘翅基半部黑色，上有 2 个淡色斑，斑前方缺刻较小，鞘翅端半部黄色。胸部腹面黑色，腹部腹面黄褐色，体毛灰白色，足黄褐色（图 2-33）。

图 2-33 双斑荧叶甲成虫

2）卵。椭圆形，长 0.6mm，初棕黄色，表面具近似正六角形的网状纹。

3）幼虫。体长 6 ~9mm，黄白色，表面具排列规则的毛瘤和刚毛。前胸背板骨化色深，腹部末端有铲形骨化板。老熟化蛹前，体粗而稍弯曲。

4）蛹。纺锤形，长 2.8 ~ 3.5mm，宽 2mm，白色，表面具刚毛。触角向外侧伸出，向腹面弯转。

【发生规律】

在北方 1 年发生 1 代，以卵在土壤中越冬。第二年 5 月越冬卵开始孵化，出现幼虫。幼虫有 3 龄，幼虫期约 30 天，在土壤中活动，取食植物根部。老熟幼虫在土壤中筑土室化蛹，蛹期 7 ~ 10 天。

成虫 7 月初开始出现，成虫期长达 3 个多月，一直延续至 10 月。成虫通常先取食田边杂草，不久转移到玉米田、豆田或其他作物田间危害，7 ~ 8 月为成虫危害盛期。成虫在白天活动，气温高于 15℃ 时成虫活跃，能跳跃和短距离飞翔，有群集性、趋嫩性和弱趋光性。成虫羽化后 20 多天即行交尾产卵。卵产在表土缝隙中或植物叶片上，散产或几粒黏结在一起。每只雌虫每次产卵 10 ~ 12 粒。

高温干旱有利于双斑萤叶甲的发生。在 19 ~ 30℃ 范围内，随温度的升高，发育速率加快。干旱年份降雨减少，发生加重，多雨年份发生较轻，暴雨更不利于该虫生存。农田生态条件对其也有明显影响，黏土地发虫早而重，壤土地、沙土地发虫则较轻。免耕田和杂草多、管理粗放的农田发生较重。

【防治方法】

1）栽培防治。要及时铲除田边、地埂、沟边杂草，秋季耕翻灭卵，实行冬灌。受害田块要及时补水、补肥，以促进生长，减轻损失。发生不多时，可在田边人工扫网捕杀。

2）药剂防治。发生较轻时，可在防治其他害虫时予以兼治。发生较重时，应在成虫盛发期产卵之前喷药。有的地方以抽雄、吐丝期百株虫口 300 只，被害株率 30% 作为防治指标，可供参考。有效药剂有 4.5% 高效氯氰菊酯乳油 1500 倍液、2.5% 三氟氯氰菊酯 2000 倍液、48% 毒死蜱乳油 1000 倍液等。喷药时间最好在下午5点之后，早晨9点之前。玉米扬花期不得喷药，以免影响授粉。

8. 稻绿蝽 >>>>>

稻绿蝽是多食性害虫，玉米田常见，局部地区发生较多。该虫主要危害水稻，也危害小麦、杂粮、豆类、棉花、马铃薯、蔬菜、柑橘等多种作物。

【为害特点】

成虫和若虫群集果穗，刺吸汁液。玉米吐丝开花期受害，果穗弯曲畸形，灌浆期受害则籽粒变白、空瘪。另外，受害果穗易被真菌侵染，发生穗腐病。

【形态特征】

稻绿蝽（*Nezara viridula*）是半翅目蝽科害虫，有成虫、卵、若虫等虫态。

1）成虫。体长12~16mm，宽6.0~8.5mm，长椭圆形，青绿色（越冬成虫暗红褐色），腹下色较浅。头近三角形，触角5节，基节黄绿色，3~5节末端棕褐色，复眼黑色，单眼红色。前胸背板边缘黄白色，侧角圆，稍突出，小盾片呈长三角形，基部有3个横列的小白点，末端狭圆，超过腹部中央。前翅稍长于腹末。足绿色，跗节灰褐色，爪末端黑色。腹下黄绿色或浅绿色，密布黄色斑点（图2-34）。

图2-34 稻绿蝽成虫

2）卵。杯形，初产时黄白色，后转红褐色，顶端有盖，周缘白色。

3）若虫。共5龄，各龄若虫形态有所不同。5龄若虫以绿色为主，触角4节，单眼出现，翅芽伸达第三腹节，前胸与翅芽散生黑色斑点，外缘橙红色，腹部边缘具半圆形红斑，中央也具红斑，足赤褐色，跗节黑色。

【发生规律】

在北方各地1年发生1代，四川、江西3代，广东4~5代。以成虫在杂草根部、土缝中越冬。早稻抽穗时迁移到稻田危害，水稻黄熟后，又转移到其他作物上危害。玉米穗期大量迁入玉米田。成虫飞翔能力不强，有趋光性、趋绿性，白天在玉米植株上取食、交配，卵成块产于叶片上。每一卵块有卵60~70粒，排成3~9行。若虫有5龄，1龄若虫群集于卵壳附近，2龄后分散危害。若虫和成虫都有假死性。

【防治方法】

要及时清除田间枯枝落叶，铲除田内外的杂草。发生较多时，可人工摘除卵块，扑杀成虫和若虫。重点喷药防治成虫和1~2龄若虫。可供选用的药剂有90%敌百虫晶体1000~1500倍液、40%乐果乳油1000~1500倍液、10%吡虫啉可湿性粉剂1500倍液、2.5%溴氰菊酯乳油3000~4000倍液、2.5%三氯氟氰菊酯乳油3000~4000倍液等。发生较少时，可在防治其他害虫时予以兼治，不需单独喷药。

9. 斑须蝽 >>>>>

斑须蝽分布在全国各地，为多食性害虫，寄主有玉米、小麦、大麦、谷子、水稻、豆类、棉花、烟草、蔬菜、果树等，近年有加重发生的趋势。

【为害特点】

成虫和若虫危害幼嫩果穗和叶片，刺吸汁液。受害果穗的籽粒空瘪，叶片上出现黄褐色斑点。

【形态特征】

斑须蝽（*Dolycoris baccanum*）属半翅目蝽科，有成虫、卵、若虫等虫态。

1）成虫。体长 8 ~ 12.5mm，宽 4.5 ~ 6mm，椭圆形，黄褐色或紫褐色，密被白色绒毛和黑色小刻点。触角黑白相间，喙细长，紧贴于头部腹面。前胸背板前侧缘具浅白色边，后部暗红色。小盾片末端钝而光滑，黄白色。前翅革片红褐色或紫褐色，腹部各节侧缘黄黑相间（图 2-35）。

2）卵。卵粒圆筒形，初浅黄色，后灰黄色，卵壳有网纹，生白色短绒毛。卵排列整齐，成块。

3）若虫。共 5 龄，末龄若虫暗灰色，腹部边缘有 5 个半圆形黑斑（图 2-36）。

图 2-35 斑须蝽成虫

图 2-36 斑须蝽若虫

【发生规律】

1年发生2～3代，以成虫在植物根际、枯枝落叶下、树皮裂缝中或屋檐底下等隐蔽处越冬。在黄淮流域，1代发生于4月中旬至7月中旬，2代发生于6月下旬至9月中旬，3代自7月中旬一直延续到第二年春季6月上旬。后期世代重叠现象明显。

成虫有较强的迁移和飞翔能力，卵产在植物上部叶片正面、花蕾或果实的包片上，多行整齐排列。初孵若虫群集，2龄后扩散危害。成虫和若虫都有恶臭。

【防治方法】

虫口较少时，不需要进行专门防治。发生较多时，可人工摘除卵块，结合其他害虫防治，喷施有机磷杀虫剂或菊酯类杀虫剂。

10. 赤须盲蝽

赤须盲蝽是多食性害虫，分布广泛，玉米田常见，局部地块受害严重。除玉米外，还危害小麦、杂粮、牧草、棉花、马铃薯、向日葵、甜菜、芝麻、大豆、蔬菜、花卉、绿肥作物等。

图2-37　赤须盲蝽食痕

【为害特点】

成虫和若虫的口器刺入玉米幼嫩叶片、雄穗和花丝，吸取汁液，影响生长。叶片被刺吸处出现黄白色小斑点（图2-37）。严重时叶片布满斑点，失水状，从顶端逐渐向内纵卷。心叶受害后生长受阻，展开的叶片出现小孔洞或叶片破碎。

【形态特征】

赤须盲蝽（*Trigonotylus ruficornis*）属于半翅目盲蝽总科盲蝽科，生活史中有成虫、卵和若虫等虫期。

1）成虫。成虫体小型，体长约6mm，细长，绿色。头部略成三角形，顶端向前方突出，头顶中央有一纵沟。触角4节，红色，等于或略短于体长，1节粗短，2～3节细长，4节短而细。无单眼。前胸背板略呈梯形，前缘有横沟划分出一个狭窄区域，称为领片，其后有2个低的突起，称为胝。小盾板三角形。前翅分为革区、楔区、爪区、膜区4个部分。革区绿色。膜区白色，半透明，长度超过腹端，脉纹围成一大一小两个封闭小室。后翅白色透明。足黄绿色，胫节末端和跗节浅红色，跗节末端黑色，跗节3节，1节长度超过2、3节之和。爪黑色（图2-38）。

2）卵。卵粒口袋状，长约1mm，卵盖上有不规则突起。初为白色，后变黄褐色。

3）若虫。5龄，末龄幼虫体长约5mm，黄绿色，触角红色。翅芽长度超过腹部2节（图2-39）。

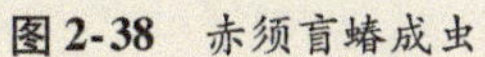

图2-38 赤须盲蝽成虫

图2-39 赤须盲蝽若虫

【发生规律】

赤须盲蝽在内蒙古1年发生3代，以卵在禾草茎叶上越冬。4月下旬越冬卵开始孵化，5月初进入盛期。成虫5月中旬开始出现，下旬为羽化盛期。5月中下旬成虫开始交配产卵，卵于6月上旬开始孵化。1代成虫在6月中下旬开始交配产卵，7月上旬卵开始孵化，7月下旬3代成虫出现，8月上中旬开始产卵。有世代重叠现象。成虫白昼活跃，傍晚和清晨不甚活动，阴雨天隐蔽在植物中下部叶片背面。雌虫多在夜间产卵，多产于叶鞘上端。每雌每次产卵5~10粒，卵粒排成1排或2排。初孵若虫常群集叶背或穗上取食危害。

【防治方法】

以主要危害作物为重点，采取综合防治措施，包括彻底清除残株和杂草，减少越冬虫源，人工扑杀成虫等。药剂防治可喷布5%吡虫啉乳油1000~1200倍液、4.5%高效氯氰菊酯乳油2000~2500倍液，或2.5%三氯氟氰菊酯乳油2000~3000倍液等。玉米田发生不重时，可在防治其他害虫时兼治，不必单独施药。

注意 玉米田还可发生绿盲蝽、牧草盲蝽等盲蝽类害虫，防治方法参照赤须盲蝽。

11. 蚜虫

蚜虫是玉米的重要害虫，在危害玉米的多种蚜虫中，以玉米蚜和禾谷缢管蚜最常见。玉米蚜又名玉米缢管蚜，禾谷缢管蚜又名粟缢管蚜或小米蚜，都分布在全国各地，可危害玉米、谷子、高粱、麦类、水稻等禾本科作物及多种禾本科草。

【为害特点】

成、若蚜群聚玉米叶片、叶鞘、雄穗、雌穗苞叶等处，刺吸植物组织的汁液，引致叶片等受害部位变色，生长发育受抑，严重时植株枯死。玉米蚜虫还分泌蜜露，使受害部位“起油”发亮，后生霉变黑。蚜虫可传播玉米矮花叶病毒和大麦黄矮病毒等重要植物病毒。

【形态特征】

玉米蚜（*Rhopalosiphum maidis*）和禾谷缢管蚜（*Rhopalosiphum padi*）都属于同翅目蚜科，田间常见无翅孤雌蚜和有翅孤雌蚜。

1）玉米蚜。

① 无翅孤雌蚜：长卵形，体长1.8～2.2mm，宽约1mm。体绿色，披白色薄粉。触角、喙、足、腹管、尾片黑色。触角6节，长度短于体长的1/3。复眼红褐色。喙粗短，不达中足基节。腹部7节毛片黑色，8节具背中横带，与缘斑相接。腹部两侧都有黑色腹斑。腹管长圆筒形，长度为尾片的1.5倍，端部收缩，具覆瓦状纹。尾片圆锥状，有毛4～5根（图2-40）。

图2-40　玉米蚜的无翅孤雌蚜

② 有翅孤雌蚜：体长卵形，长1.6～1.8mm，头、胸黑色，腹部深绿色。触角6节，长度约为体长的一半，3节上有圆形次生感觉圈12～19个。腹部2～4节各具1对大型缘斑，6～7节上有背中横带，7节有小缘斑，

8 节的中带贯通全节。

2）禾谷缢管蚜。

① 无翅孤雌蚜：体长 1.9mm，宽卵形，橄榄绿至黑绿色，嵌有黄绿色纹，被有白色薄粉。复眼黑色。中额瘤隆起。触角 6 节，黑色，长度为体长的 70%。喙粗壮，较中足基节长，长是宽的 2 倍。腹管黑色，圆筒形，为体长的 14%，端部缢缩瓶颈状，有瓦纹，基部四周具锈色纹。尾片长圆锥形，中部收缩，具曲毛 4 根（图 2-41）。

② 有翅孤雌蚜：体长 2.1mm，长卵形。头、胸黑色，腹部深绿色，腹部 2～4 节有大型缘斑，7～8 腹节背中有横带，节间斑黑色。触角长度短于体长，3 节具圆形次生感觉圈 19～30 个，4 节有 2～10 个感觉圈。前翅中脉三分叉，前 2 条分叉甚小。腹管圆筒形，黑色，短，端部缢缩瓶颈状（图 2-42）。

图 2-41 禾谷缢管蚜的无翅孤雌蚜

图 2-42 禾谷缢管蚜的有翅孤雌蚜

【发生规律】

1）玉米蚜。在华北 1 年可繁殖 20 代左右，以成、若蚜在冬小麦或禾草心叶内越冬。春季 3 月，温度回升到 7℃左右时开始活

动，随着小麦植株生长而向上部移动，集中在新产生的心叶内繁殖危害，抽穗后大都迁移到无效分蘖上危害，很少在穗部危害。4月下旬至5月上旬，陆续产生大批有翅蚜，迁往玉米、高粱、谷子或禾草上繁殖。春玉米抽雄后，多集中在雄穗上危害，乳熟后又转移到夏玉米上。9~10月夏玉米老熟，又产生大量有翅蚜，迁移到向阳处禾草上和冬小麦麦苗上，繁殖1~2代后越冬。

在黑龙江省，玉米蚜1年发生10代左右，以成、若蚜在禾本科植物心叶、叶鞘内或根际越冬。5月底至6月初产生大批有翅蚜，迁飞到玉米上危害，8月上旬和中旬为危害盛期。

在长江流域，1年发生20多代，以成、若蚜在大麦、小麦或禾草心叶内越冬。春季3~4月开始活动危害，4~5月麦类黄熟后产生大量有翅蚜，迁往春玉米、高粱、水稻田持续繁殖危害。春玉米乳熟期以后，又产生有翅蚜，迁往夏玉米上繁殖危害。秋末产生有翅蚜迁往小麦或其他越冬寄主。

玉米蚜终生营孤雌生殖，虫口数量快速增多。高温干旱年份发生较多。在玉米生长中后期，旬均温23~28℃，旬降雨量低于20mm时，有利于玉米蚜猖獗发生。

2）禾谷缢管蚜。1年发生10~20代。在北方寒冷地区，禾谷缢管蚜生活史为异寄主全周期型。以受精卵在稠李、桃、李、梅、榆叶梅等李属植物（第一寄主）上越冬，第二年春季越冬卵孵化为干母，以后干母胎生无翅雌蚜，即干雌。干雌繁殖几代后，产生有翅雌蚜。初夏，有翅雌蚜乔迁到禾本科植物（第二寄主）上繁殖危害，持续孤雌生殖，产生无翅孤雌蚜和有翅孤雌蚜。寄主衰老后，产生有翅蚜（性母），迁回越冬寄主，性母产生雌、雄性蚜，两者交配后产卵越冬。

在我国中部、南部各麦区，禾谷缢管蚜不产生有性蚜，全年在禾本科植物上孤雌生殖，属不全周期生活史。在冬麦区或冬麦、春麦混种区，秋末冬小麦出苗后，危害秋苗，继而以无翅孤雌成蚜和若蚜在麦苗根部、近地面叶鞘和土缝内越冬，若天气暖和仍可活动，春季继续危害小麦，麦收后转移到玉米、谷子、糜子、自生麦苗、禾本科草上危害。秋季迁回麦田繁殖危害。

禾谷缢管蚜在30℃左右发育最快，不耐低温，在1月平均气温为－2℃的地方就不能越冬。喜高湿，不耐干旱，不适于在年降雨量低于250mm的地区发生。

蚜虫天敌种类多，主要有七星瓢虫、异色瓢虫、多异瓢虫、龟纹瓢虫、十三星瓢虫、姬蝽、食蚜瘿蚊、食蚜蝇、草蛉、草间小黑蛛、拟环纹狼蛛、蚜茧蜂、蚜霉菌等，尤以瓢虫、食蚜蝇和蚜茧蜂最重要。天敌对蚜虫群体消长有重要作用。

【防治方法】

蚜虫的防治应兼顾各种寄主作物，统筹安排。

1）栽培防治。及时清除田埂、地边杂草与自生麦苗，减少蚜虫越冬和繁殖场所。搞好麦田蚜虫防治，减少虫源。发生严重的地区，可减少夏玉米的播种面积。玉米自交系、杂交种间抗蚜性有明显差异，应尽量选用抗蚜自交系与杂交种。

2）药剂防治。要慎重选择防治药剂，应用对天敌安全的选择性药剂，如抗蚜威、吡虫啉、生物源农药等。要改进施药技术，调整施药时间，减少用药次数和数量，避开天敌大量发生时施药。根据虫情，挑治重点田块和虫口密集田，尽量避免普治，以减少对天敌的伤害。

防治玉米蚜，在玉米心叶期发现有蚜株后即可针对性施药，有蚜株率达到30%～40%，出现“起油株”时应进行全田普治。防治蚜虫的有效药剂较多，要轮换使用，防止蚜虫产生抗药性。常用药剂和每亩用药量如下：50%抗蚜威可湿性粉剂10～15g、10%吡虫啉可湿性粉剂20g、24%抗蚜·吡虫啉可湿性粉剂20g、40%毒死蜱乳油50～75mL、25%吡蚜酮可湿性粉剂16～20g、3%啶虫脒可湿性粉剂10～20g（南方）或30～40g（北方）、2.5%高渗高效氯氰菊酯乳油25～30mL 、4.5%高效氯氰菊酯40mL。皆加水30～50kg常量喷雾，也可加水15kg，用机动弥雾机低容量喷雾。

还可混合使用不同成分的药剂，例如啶虫脒+高效氯氟氰菊酯，抗蚜威+啶虫脒等。折算每亩用药量，前者为3%啶虫脒乳油20mL+2.5%高效氯氟氰菊酯乳油10mL，后者为50%抗蚜威可湿性粉5g+3%啶虫脒乳油20mL，皆在蚜虫始盛期喷雾施用。

在干旱缺水地区，若难以喷雾施药，可施用毒土。40%乐果乳油每亩用50mL，兑水稀释后，喷拌15kg细砂土，边喷边拌，制成毒土。然后把拌匀的毒土均匀地撒在植株上。还可用40%乐果乳油1500~2000倍液灌心叶。

在防治地下害虫或灰飞虱时，播前用吡虫啉（高巧）、噻虫嗪（锐胜）等处理种子，可兼治苗期蚜虫。

12. 玉米耕葵粉蚧 >>>>>

玉米耕葵粉蚧是一种地下害虫，主要危害玉米幼苗，也危害小麦、高粱、谷子等禾本科作物及禾草。在黄河中下游夏玉米产区，近年发生增多，分布较普遍。

【为害特点】

蚧虫的雌成虫和若虫将口器插入植物组织，吸取汁液。玉米耕葵粉蚧的雌成虫和若虫群集在幼苗根部、近地表的茎基部和叶鞘内危害，使玉米根系发育不良，根尖、茎基部变黑腐烂，严重时根茎变粗呈畸形。地上部矮小、细弱、发黄，叶片从叶尖和叶缘开始干枯，造成死苗或严重减产（图2-43）。

图2-43 玉米耕葵粉蚧危害状

【形态特征】

玉米耕葵粉蚧（*Trionymus agrostis*）属于同翅目粉蚧科葵粉蚧属，有成虫、卵、若虫、前蛹、蛹等虫态。

1）蚧虫的一般特征。蚧虫又名介壳虫，为微小的昆虫，雌、雄异型。雌成虫虫体呈圆形、椭圆形或圆球形，无翅，头、胸、腹三个体段常愈合而分辨不清。体壁坚韧，多覆盖蜡粉、蜡块或有特殊的介壳，固着在植物表面，不移动。腹面有发达的口器，有些种类保留触角、眼和足，有些种类退化消失。雄成虫瘿蚊状，有1对前翅，发生时间很短，不易见到。卵球形或卵圆形，产在雌虫的身体下、介壳下或卵囊内。若虫2龄，1龄若虫有触角和足，雌性2龄若虫与成虫相似，羽化成雌成虫。雄性2龄若虫发育成前蛹和蛹，再羽化成雄成虫。

图2-44 粉蚧雌成虫

粉蚧的雌成虫呈椭圆形，体壁柔软，有分节，被覆白色蜡粉（图2-44）。腹部末节有2个瓣状突起，其上各有1根刺毛，称为“臀瓣”和“臀瓣刺毛”。肛门周围有骨化的环，上生6根刺毛，称为“肛环”和“肛环刺毛”（图2-45）。

2）耕葵粉蚧形态。

① 雌成虫：体长3~4.2mm，宽1.4~2.1mm，长椭圆形，扁平。红褐色，外覆一层白色蜡粉。有眼、触角和足。肛环呈椭圆形，有6根肛环刺毛。臀瓣不明显，臀瓣刺毛发达。

② 雄成虫：体长1.42mm，身体纤弱，深黄褐色。有3对单眼，紫褐色，有触角10节，口器退化。有足3对。前翅白色透

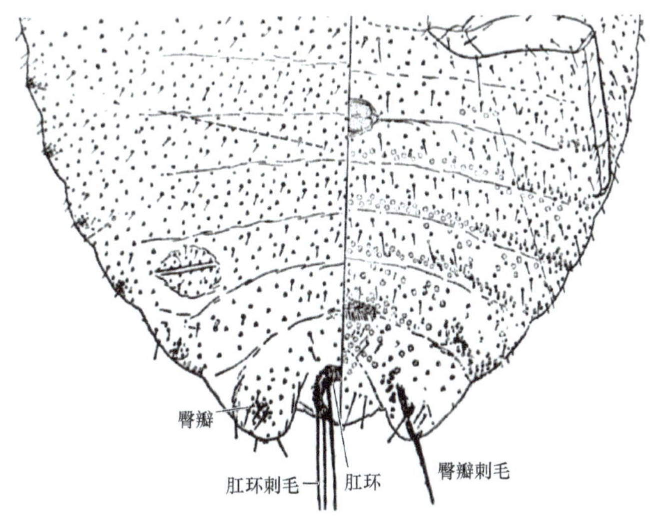

图 2-45 粉蚧雌成虫躯体后部示意图

（左侧为躯体背面，右侧为躯体腹面）

明，后翅退化为平衡棒。

③ 卵：长椭圆形，初橘黄色，孵化前浅褐色。卵囊白色，棉絮状。

④ 若虫和蛹：1 龄若虫体长 0.61mm，无蜡粉覆盖，有触角和足。2 龄若虫体长 0.89mm，体表有白色蜡粉。蛹体长 1.1 ~ 1.2mm，长形略扁，黄褐色，翅芽明显。茧长形，白色柔密。

【发生规律】

耕葵粉蚧 1 年发生 3 代，以卵囊附着在玉米根茬上、苞叶内、杂草根部或土壤中秸秆残体上越冬。每个卵囊中有 100 多粒卵。在 4 月中下旬，气温达到 17℃左右，越冬卵开始孵化。在河北省，1 代发生于 4 月下旬至 6 月上旬，主要危害小麦。2 代发生在 6 月中旬至 8 月上旬，主要危害夏播玉米幼苗。3 代发生于 8 月上旬至 9 月中旬，危害玉米或高粱。9 ~ 10 月雌成虫产卵越冬。玉米耕葵粉蚧主要靠1龄若虫爬行而分散传播，也可随气流吹送，或黏附在农机具上传播。

初孵若虫先在卵囊内活动1～2天，以后向四周分散。1龄若虫活泼，爬行分散，找到寄主后固定下来危害。2龄后开始分泌蜡粉。

该虫主要营孤雌生殖，但各代也有少量雄虫。雌若虫老熟后羽化为雌成虫，雌成虫寿命20天左右，雄成虫寿命很短。雌成虫把卵产在玉米茎基部土壤中或叶鞘里，每雌产卵120～150粒。

在黄淮海夏玉米栽培区，小麦和夏玉米接续种植，两者都是耕葵粉蚧的寄主，这使虫源逐年增多，危害加重。而前茬为豆类、棉花、蔬菜的玉米田发生较轻。较干旱的生态条件适于耕葵粉蚧生存和繁殖。水肥管理不良、瘠薄、板结、墒情较差的田块发生较重，水浇地发生较轻。

【防治方法】

1）栽培防治。发生严重的地块改种豆类和棉花等双子叶作物。种植苗期发育较快、抗逆性较强的玉米杂交种。玉米、小麦收获后翻耕灭茬，把根茬携出田外集中烧毁。冬季在小麦田间浇冻水，提高土壤湿度，诱使卵囊发霉腐烂。玉米要适期播种，避免过早或过晚。玉米田及时中耕，铲除禾本科杂草。要加强肥水管理，提高土壤湿度，促进玉米根系发育。

2）药剂防治。1龄若虫体表无蜡粉保护，1龄若虫期是药剂防治的适期。可用50%辛硫磷乳油1000倍液、40%氧化乐果乳油1000～1500倍液，或48%毒死蜱乳油1000倍液喷施玉米幼苗基部或灌根，每株用药液量100～150g。也可每亩用50%辛硫磷乳油1kg随水浇灌。

毒土法施药可用2.5%甲基异柳磷颗粒剂，每亩用2～3kg，或5%毒死蜱颗粒剂，每亩用1～2kg，加细潮土20～30kg拌均匀，制成毒土。将毒土撒施于行间或者每株根部堆放5～6g，然后浇水。

13. 飞虱 >>>>>

飞虱是同翅目飞虱科害虫，危害玉米的飞虱有灰飞虱、白背飞虱等多种，玉米受害程度因地而异。飞虱的寄主广泛，除玉米外，也危害水稻、麦类、高粱、谷子等禾谷类作物及多种禾本科草。

【为害特点】

成虫、若虫刺吸叶片汁液，使叶片发黄干枯，造成减产。灰飞虱能传播玉米条纹矮缩病毒、水稻黑条矮缩病毒（引起玉米粗缩病）等多种植物病毒。白背飞虱主要传播南方水稻黑条矮缩病毒。

【形态特征】

体小型，能跳跃，口器刺吸式，后足胫节末端有一显著的距，扁平，能活动。触角短，锥形。翅透明，多有长翅型和短翅型两种类型。有成虫、卵、若虫等虫态。

1）灰飞虱（*Laodelphax striatellus*）。

① 成虫：有长翅型（图2-46）和短翅型两种类型。长翅型体长3.5～3.8mm，短翅型成虫体长2.4～2.6mm。雌虫体黄褐色，雄虫黑褐色。前翅半透明，浅灰色，有翅斑。雌虫小盾片中央浅黄色或黄褐色，两侧各有一个半月形深黄色斑纹。胸、腹部腹面

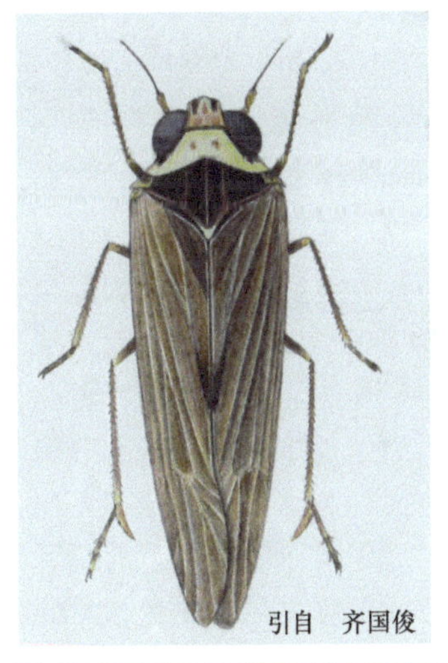

图2-46　灰飞虱长翅型成虫

黄褐色，腹部肥大。雄虫小盾片全为黑色，胸、腹部腹面黑褐色，腹部较细瘦。短翅型的翅仅达腹部的2/3，其余与长翅型相同。

② 卵：长卵圆形，弯曲。初产时乳白色，后渐变灰黄色，孵化前在较细一端出现1对紫红色眼点。卵粒成簇或成双行排列，卵帽稍露出产卵痕，像鱼卵。

③ 若虫：共5龄。3~5龄若虫体灰黄至黄褐色，腹部背面有灰色云斑。3、4腹节各有1对“八”字形浅色斑纹。

2）白背飞虱（*Sogatella furcifera*）。

① 成虫：长翅型体长3.8~4.6mm，短翅型体长2.7~3.5mm，仅雌虫有短翅型。头顶显著突出，头在复眼间部分长度大于宽度。有翅斑。雄虫大部分黑褐色，头顶及两侧脊间、前胸背板和中胸背板中域黄白色，前胸背板侧脊外侧，在复眼后方有1个暗褐色新月形斑。中胸背板侧区黑褐色。胸、腹部腹面黑褐色。前翅浅黄褐色，透明，有的翅端有烟褐晕，翅斑黑褐色（图2-47）。雌虫大部分灰黄褐色，小盾片中间黄白色，两侧暗褐色，中胸背板侧区黑褐色，胸、腹部腹面黄褐色。

图2-47 白背飞虱成虫

② 卵：新月形，前期乳白色，后期浅黄色。

③ 若虫：灰褐色，3龄以后灰黑色，腹背3节、4节各具1对乳白色三角形大斑，6节背板中部有1条浅色横带。

【发生规律】

灰飞虱在北方1年发生4~5代，长江流域5~6代，福建7~8代。在北方多以3~4龄若虫在麦田内或在杂草丛中越冬。南方成虫、若虫都可越冬。在陕西关中麦区1年约发生5代，以成虫在麦株基部土缝内越冬，春季3月上旬开始活动，在麦田繁殖，5~6月随着小麦黄熟而转移到玉米、高粱、谷子等作物田内，或迁往田边，渠岸杂草上。10月冬小麦出苗后又迁到麦田，危害一段时间后进入越冬。

灰飞虱耐低温能力较强，对高温适应性较差，不耐夏季高温，其生长发育的适宜温度为23~25℃。在冬暖夏凉的条件下可能大发生。长翅型成虫有趋光性和趋嫩绿性。田间杂草丛生，有利于灰飞虱取食繁殖。麦田套种玉米，苗期正值1代灰飞虱成虫迁飞盛期，受害严重。飞虱有趋湿性，田间低洼潮湿，杂草密度大，发虫量激增。夏、秋多雨年份杂草茂盛，有利于灰飞虱越夏和繁殖，冬暖有利于灰飞虱越冬，皆增加虫口数量。

白背飞虱在我国北方每年发生2~3代，中部3~4代，南方6~9代，危害水稻、玉米、麦类、甘蔗和禾草。为长距离迁飞性害虫，我国北部、中部的初次虫源是由南方热带稻区随气流逐代逐区迁入的。成虫具趋光性和趋嫩性，4~5龄若虫食量大，危害重。

【防治方法】

飞虱寄主种类多，可在各茬寄主作物间辗转危害，需通盘考虑，协调玉米田、麦田、稻田的防治。

1）栽培防治。要调整作物结构，尽量减少小麦田套播玉米、玉米田套播小麦等种植方式。在小麦、玉米复种地区，冬小麦应适期播种，避免早播，以减轻秋苗发虫数量，也要适当调整玉米播种期，避免灰飞虱迁移高峰期与作物易感生育期相重合。要及时清除田边、道路、沟渠中的杂草，减少灰飞虱滋生场所。

2）药剂防治。要搞好虫情测报，及时掌握飞虱的种群消长动态，准确预报发生期、防治适期和重点防控田。

播前种子处理可用吡虫啉、噻虫嗪拌种或包衣，控制苗期灰飞虱。例如，70%吡虫啉（高巧）湿拌种剂按种子量的0.6%进行拌种或包衣，或用60%吡虫啉悬浮种衣剂30mL，加2%戊唑醇10mL，兑水300～400mL，包衣玉米种子5～6kg。70%噻虫嗪（锐胜）种子处理可分散粉剂5g，兑水50g，搅拌均匀后可拌种2.5kg。

在玉米出苗后，6叶期以前，对发虫田块进行喷药。有效药剂品种很多，可根据具体情况选用。有机磷杀虫剂可用45%马拉硫磷乳油1500倍液、48%毒死蜱乳油2000倍液等喷雾。

氨基甲酸酯类杀虫剂可用25%速灭威可湿性粉剂，每亩用药150g，加水50kg喷雾。10%异丙威（叶蝉散）可湿性粉剂，每亩用250g，加水50kg喷雾。50%混灭威乳油用2000倍液喷雾。另外，2%异丙威粉剂，每亩用2～2.5kg，直接喷粉或混细土15kg后均匀撒施。

在菊酯类杀虫剂中，常用2.5%溴氰菊酯乳油2000～3000倍液、10%氯氰菊酯乳油2000～3000倍液等喷雾。

噻嗪酮（扑虱灵）是噻二嗪酮化合物，具有很强的触杀和胃毒作用，对低龄若虫防治效果好。25%噻嗪酮可湿性粉剂可用1500～2000倍液喷雾，或每亩用药25～30g，加水50kg喷雾。

吡虫啉属于硝基亚甲基类内吸杀虫剂，有触杀作用、胃毒作用。10%吡虫啉可湿性粉剂用2000～2500倍液喷雾。

吡蚜酮属于吡啶杂环类内吸杀虫剂，对害虫具有触杀作用，能使害虫立即停止取食，该剂高效、低毒、高选择性，对环境生态安全，适用于防治已对有机磷或氨基甲酸酯类杀虫剂产生抗药性的害虫。防治灰飞虱，每亩用25%吡蚜酮可湿性粉剂15～20g，加水40～60kg喷雾，持效期长达20～30天。

灰飞虱已先后对有机磷杀虫剂、氨基甲酸酯类杀虫剂、吡虫啉等产生了抗药性，各地抗药性程度和发展动态不同，需加强抗药性监测，合理选用杀虫剂。为了延缓抗药性的产生，不要长期

或多次使用有效成分相同的药剂，应轮换使用或混合使用有效成分不同的药剂。

14. 叶蝉 >>>>

玉米田叶蝉种类繁多，有大青叶蝉、三点斑叶蝉、条沙叶蝉、黑尾叶蝉、白边大叶蝉、二点叶蝉、电光叶蝉、小绿叶蝉等。大青叶蝉最常见，各地都有发生。三点斑叶蝉于20世纪90年代开始在新疆北部发生，现已成为新疆的主要玉米害虫。叶蝉是多食性害虫，除玉米外，还严重危害水稻、麦类、高粱、谷子、甘蔗等作物及禾本科草。

【为害特点】

成虫和若虫用刺吸式口器在叶片、茎秆等部位刺破表皮，吸食汁液，分泌毒素。玉米被害叶面有多数细小白斑（图2-48）。幼苗严重受害时，叶片满布白斑，一片苍白，有时还发黄卷曲，甚至枯死。三点斑叶蝉初期沿玉米叶脉吸食汁液，叶片出现零星小白点，以后斑点布满叶片，有时还出现紫红色条斑，受害严重时叶片干枯死亡（图2-49）。叶蝉可传播多种植物病毒。

图2-48　叶片满布细小白斑

图2-49　三点斑叶蝉及其危害状

【形态特征】

叶蝉属于同翅目叶蝉科，体小型，能跳跃。触角鬃状，前翅革质，后足胫节下方有两列刺状毛。有成虫、卵、若虫等虫态。

1）大青叶蝉（*Tettigella viridis*）。雌成虫体长9.4～10.1mm，雄虫体长7.2～8.3mm，青绿色。头部颜面浅褐色，两颊微青，在颊区近唇基缝处左右各有1个小黑斑。在触角窝上方，两单眼间有1对黑斑，复眼绿色。前胸背板浅黄绿色，前翅绿色，具青蓝色光泽，翅脉青黄色，后翅烟灰色，半透明。腹部背面蓝黑色，两侧及末节色浅。胸、腹部腹面及足橙黄色，后足胫刺基部黑色（图2-50）。

卵长圆筒形，中间稍弯曲，表面光滑，浅黄色。

若虫共5龄，初孵化时头大腹小，乳白色，取食2～6h后变灰黑色，2龄若虫头冠部有2个黑斑，3龄后体色变草绿色，出现翅芽，胸腹部背面及两侧有4条暗褐色纵纹，4龄出现生殖节片，头冠前部两侧各有一组浅褐色弯曲的横纹。足乳黄色。5龄若虫在足的第二跗节中间显出缺纹，似为3节（图2-51）。

图2-50　大青叶蝉成虫

图2-51　大青叶蝉若虫

2）三点斑叶蝉（*Zygina salina*）。成虫体长 2.6～2.9mm，灰白色，头冠向前成钝圆锥形突出，头顶前缘区有浅褐色斑纹，倒八字形，前胸背板革质透明，中胸盾片上有 3 个椭圆形黑斑，在小盾片末端也有 1 个相似的黑斑。前、后翅白色透明，腹部背面具黑色横带。若虫 5 龄。

【发生规律】

1）大青叶蝉。在北方每年发生 2～3 代，以卵在 2～3 年生苗木、树枝的表皮下越冬，在长江以南多以卵在禾本科杂草茎内越冬，在华南冬季存在各个虫态。在陕西关中 1 年发生 3 代，第二年树木萌动时卵孵化，若虫迁移到附近小麦、蔬菜或杂草上危害。1～2 代主要危害麦类、玉米、谷子、杂草等，3 代成虫发生在 9～11 月，先危害秋作物和秋菜，后迁移到果树、林木上产卵越冬。各代发生不整齐，有世代重叠现象。

成虫有较强的趋光性和趋绿性，常群集，昼夜均可取食，常一边取食一边从尾端排泄透明蜜露。在低温天气或每日早、晚静止潜伏。成虫取食 30 天后才交尾产卵。卵产在寄主植物的茎秆、叶柄、叶脉、枝条皮层中。在玉米上，多于叶背主脉上刺一长形产卵口产卵。在苗木、枝条上产卵时，雌虫先用锯状产卵器刺破寄主植物表皮，形成月牙形产卵痕，产卵处表皮成肾形凸起。每头雌虫可产卵 3～10 块，卵粒 50 余粒。非越冬卵卵期 9～15 天，越冬卵卵期 5 个月以上。

2）三点斑叶蝉。分布于新疆，1 年发生 3 代，以成虫在冬小麦或玉米田的枯叶残茬下以及禾本科杂草根际越冬。春季 4 月中旬左右越冬成虫先在冬麦和杂草上取食繁殖，5 月中旬和下旬越冬代成虫开始产卵。1 代成虫迁入玉米田，6 月下旬为产卵高峰期，7 月初 2 代若虫孵化，大多集中在玉米植株的下部叶片危害，7 月下旬 2 代成虫羽化，产卵于玉米植株的中部叶片，8 月中旬为 3 代若虫出现高峰期。9 月下旬玉米收获，部分成虫迁移到杂草和冬麦田危害，10 月以后越冬。2 代和 3 代都发生在玉米田中，3 代发生量最大，2 代次之。

成虫群集，喜热，善飞，有趋光性。若虫活动范围不大，受到惊扰后横向爬行隐匿。三点斑叶蝉喜温热，21 ~ 27℃，湿度 60% 上下，有利于大发生。晚播玉米受害最重。

【防治方法】

叶蝉寄主种类多，玉米田叶蝉的防治要与水稻、小麦和其他受害作物的防治相互协调与配合。

1）栽培防治。玉米或小麦收获后要及时耕翻灭茬，旱地深翻两遍后，耙松剔出根茬，同时清除自生苗，铲除杂草，特别是禾本科杂草，以减少虫源。提倡与非禾本科作物进行轮作。在玉米生长期间，也要及时中耕，铲除田边、田间杂草。要合理密植，加强田间肥水管理。在叶蝉成虫发生期间，可设置黑光灯诱杀。

2）药剂防治。叶蝉危害轻微时，不需要单独施药，可在防治其他害虫时予以兼治。在虫口密度较高时，需及时喷药防治，对于春季先在冬小麦和杂草上取食繁殖的种类，要先对麦田和杂草施药，减少进入玉米田的叶蝉数量。在玉米 3 ~ 5 叶期，可喷施 10% 吡虫啉可湿性粉剂 2500 ~ 3000 倍液，或 10% 氯噻啉可湿性粉剂 4000 倍液。氯噻啉是一种新烟碱类杀虫剂，毒性低，杀虫谱广，用于防治叶蝉、飞虱、蓟马、蚜虫、螟虫等。

15. 蓟马 >>>>>

蓟马危害多种禾本科作物和禾草。夏玉米区广泛采用免耕技术，小麦收获后带茬播种玉米，原先在小麦和麦田杂草上危害的蓟马，得以及时转移到玉米幼苗上危害，致使苗期蓟马危害加重。危害玉米的重要种类有禾蓟马、玉米黄呆蓟马和稻管蓟马等。

【为害特点】

成虫、若虫（1～2 龄）危害叶片等幼嫩部位，以锉吸式口器锉破植物表皮，吸取汁液。禾蓟马和稻管蓟马首先在叶片正面取食，玉米黄呆蓟马首先在叶片背面取食。受害的叶片出现断续或成片的银白色条斑，有时还伴随小点状虫粪，严重时叶背如涂抹一层银粉，叶片端半部变黄枯干。蓟马喜在喇叭口内取食，受害心叶发黄，不能展开，卷曲或破碎。严重受害株矮化，生长停滞，大批死苗。

【形态特征】

蓟马为缨翅目微小昆虫，过渐变态，有成虫、卵、若虫等虫态。成虫（图 2-52）体细长，口器锉吸式，有复眼和 3 个单眼，触角线状，略呈念珠状，末端几节尖锐。两对翅狭长，边缘生有长而整齐的缨状缘毛。翅脉最多只有 2 条纵脉。足的末端有泡状中垫，爪退化。卵很小，肉眼看不见。若虫 4 龄或 5 龄，与成虫相似（图 2-53）。1～2 龄若虫没有翅芽，3 龄出现翅芽。3 龄以后不食不动，最后一龄若虫也被称为“拟蛹”或“蛹”。

图 2-52　蓟马成虫

图 2-53　蓟马若虫

禾蓟马和黄呆蓟马属于锯尾亚目蓟马科，雌虫腹部末端圆锥形，生有锯状产卵器，雄虫腹部末端阔而圆，通常有翅。前翅大，有翅脉。稻管蓟马属于管尾亚目管蓟马科，腹部末节管状，后端较狭，生有较长的刺毛，翅表面光滑，前翅没有脉纹，无产卵器。

1）禾蓟马（*Frankliniella tenuicornis*）。

雌成虫体长1.3～1.4mm，灰褐至黑褐色，中后胸带黄褐色（图2-54）。头长于前胸，两颊平行，触角8节，较瘦细，3节通常长为宽的3倍，3节、4节黄色，其余各节灰褐色。雄虫灰黄色，小于雌虫，触角5至8节灰黑色，其余黄色。腹部3至7节腹片上各有一近似哑铃形的腺域。

图2-54　禾蓟马成虫

2）玉米黄呆蓟马（*Anaphothrips obscurus*）。

雌成虫分长翅型、半长翅型和短翅型。长翅型雌成虫体长1.0～1.2mm，暗黄色，胸部和腹背（端部数节除外）有暗黑色区域。触角8节，触角1节浅黄色，2至4节黄色，5至8节灰黑色。前翅浅黄色，长而窄，翅脉少但显著，缘缨长。半长翅型的前翅长达腹部5节，短翅型前翅短小，为长三角形芽状。

3）稻管蓟马（*Haplothrips aculeatus*）。

雌成虫体长1.4～1.7mm，黑褐色至黑色，略具光泽。头部长方形，复眼后有1对长鬃。触角8节，3至5节色浅，3节黄色，其余各节褐色。翅两对，翅缘有缨毛。前翅透明，中部收

缩，端圆，无脉。腹部 10 节，腹部末端延长成尾管，管长为头长的3/5，管的末端有长鬃 6 根。各足跗节黄色（图 2-55）。雄成虫较雌虫细小，前足腿节膨大，跗节具三角形齿状突起（雌成虫无此齿突）。

图 2-55　稻管蓟马成虫

【发生规律】

禾蓟马 1 年发生 10 代左右，以成虫在禾本科杂草根基部和枯叶内越冬。成虫常随作物生育期更替而在不同寄主间辗转危害。春季玉米出苗后就可遭受危害。成虫、若虫活泼，喜在喇叭口内取食，多群集在幼苗心叶中，借飞翔、爬行或流水传播。被害玉米心叶两侧可变成薄膜状，叶片展开后即破碎或断开。该虫适于在郁蔽潮湿的环境中存活，大雨后虫口数量锐减。

玉米黄呆蓟马在山东省以成虫在禾本科杂草根基部和枯叶内越冬，春季先在麦类作物和杂草上繁殖危害，5 月中旬和下旬迁向玉米，在玉米上繁殖 2 代，行孤雌生殖。在玉米苗期和心叶末期（大喇叭口期）发虫量大，抽雄后数量显著下降。以成虫和1～2 龄若虫危害。行动迟钝，不活泼。卵产在叶片组织内，3 龄后停止取食，隐藏于植株基部叶鞘、枯叶内或掉落在松土内发育成（拟）蛹。降水偏少，气温偏高，有利于黄呆蓟马发生。干旱少雨和覆盖麦糠是夏播玉米田黄呆蓟马猖獗的主要诱因。

稻管蓟马为水稻的重要害虫，也广泛危害玉米、小麦、薏苡和禾本科杂草。1 年发生 8 代左右，以成虫越冬。在水稻整个生育期均有发生，在生育前期危害叶片，成虫有强烈的趋花性，危害花器与穗粒，导致颖壳畸形，不结实。在黄淮海夏玉米区严重危害夏玉米幼苗。

【防治方法】

1）栽培防治。实行合理的轮作倒茬，减少麦田套种玉米，清除田间杂草和自生苗，破坏其越冬场所，减少越冬虫源。选用抗虫、耐虫品种，适时播种，使玉米苗期尽量避开蓟马迁移或危害高峰期。要合理密植，适时灌水施肥，喷施叶面肥，促进玉米早发快长，减轻受害。

2）药剂防治。有人提出玉米苗期蓟马虫株率40%～80%，百株虫量达300～800只，应及时进行药剂除治，可参考。有效药剂有10%吡虫啉可湿性粉剂2000～2500倍液、40.7%毒死蜱乳油1000～1500倍液、80%敌敌畏乳油1000倍液、90%晶体敌百虫1500～2000倍液、10%溴虫腈悬浮剂2000倍液、20%吡·唑乳油2000倍液、4%阿维·啶虫乳油3000倍液等。喷药要周到，需将药液喷到玉米心叶内。另外，用60%吡虫啉悬浮种衣剂拌种，防效也好。

16. 叶螨 >>>>

危害玉米的叶螨主要有朱砂叶螨、二斑叶螨和截形叶螨等。叶螨多食性，除玉米外，还危害麦类、杂粮、豆类、棉花、向日葵、马铃薯、蔬菜等几十种农作物。

【为害特点】

叶螨一般在抽穗后开始危害玉米，在发生早的年份，6叶期玉米即遭受危害。成螨和若螨聚集在叶片背面，刺吸叶片中的养分，有吐丝结网的习性（图2-56）。被害叶片上出现细小的黄白

色斑点，逐渐褪绿变黄，干枯死亡（图2-57），叶片背面可见螨体和网絮状物（图2-56）。被害玉米籽粒秕瘦，严重减产。

图2-56　叶螨聚集叶片背面危害

图2-57　叶螨危害的叶片正面

【形态特征】

叶螨属于蜱螨目叶螨科，形体微小。成螨体多为椭圆形或菱形，有足4对。卵圆球形，表面光滑，初产卵无色透明，以后逐渐变为橙黄色或橙红色，孵化前出现红色眼点（图2-58）。卵孵化后产生幼螨，幼螨近圆形，体色透明或浅黄，取食后体色变绿，有3对足。幼螨脱皮后变为前若螨，前若螨再蜕皮变为后若螨，但雄螨仅有前若螨，蜕皮后变为成螨。若螨有4对足，与成螨相似。

图2-58　成螨和卵

1）朱砂叶螨（*Tet-*

ranychus cinnabarinus)。雌成螨体长 0.4 ~ 0.6mm，宽 0.2 ~ 0.3mm，椭圆形。雄成螨体长 0.4mm，宽 0.2mm。体前部近圆形，末端尖削。成螨春、夏季体色多为浅黄色至黄绿色，秋、冬季多为锈红色。体背两侧各有一长形黑斑，有时黑斑中段不明显，似分为 2 个斑点。背部有针状刚毛 13 对。足 4 对，爪退化（图 2-59）。幼螨近圆形，初孵化时较透明，取食后体色变绿，足 3 对。前若螨椭圆形，有足 4 对，体色变深，体背两侧出现黑色斑。后若螨与成螨相似。

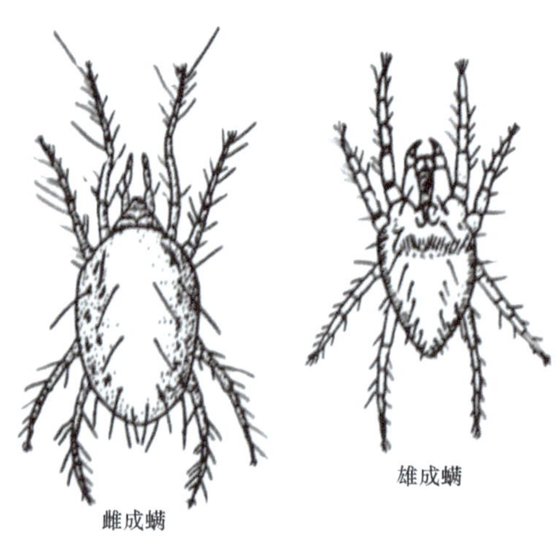

图 2-59　朱砂叶螨成螨形态

2）二斑叶螨（*T. urticae*）。雌成螨体长 0.42 ~ 0.59mm，宽 0.28 ~ 0.32mm，椭圆形。在生长季节为白色、黄白色，无红色个体出现。取食后呈深绿色或黄绿色。体背有刚毛 26 根，排成 6 横排，体背两侧各有一块黑色长斑。越冬型橙黄色、橙红色，体侧的暗色斑消失。雄成螨体长 0.26mm，菱形，前端近圆形，腹末较尖，多呈绿色，与朱砂叶螨难以区分。卵、幼螨、若螨形态与朱砂叶螨类似。

3）截形叶螨（*T. truncatus*）。雌成螨椭圆形，体长 0.51 ~

0.56mm，体宽 0.32～0.36mm，锈红色。体背两侧有暗色不规则黑斑。雄成螨略小，体末略尖，菱形，浅黄色。卵、幼螨、若螨形态与朱砂叶螨类似。

【发生规律】

叶螨主要营两性生殖，在缺乏雄螨时，也能进行孤雌生殖，每年可繁殖 10 代以上。

朱砂叶螨在北方 1 年发生 10～15 代，在长江流域及以南地区 1 年发生 15～20 代。以雌成螨在作物和杂草根际或土缝里越冬。早春越冬成螨开始活动，取食产卵。春玉米出苗后就可受害，6 月在春玉米和麦套玉米田常点片发生，7～8 月常猖獗发生，春、夏玉米受害严重。朱砂叶螨在玉米叶背活动，先危害下部叶片，渐向上部叶片转移。在玉米植株上垂直扩散靠爬行，并以上迁为主，在株间迁移以吐丝飘移为主。卵散产在叶背中脉附近。气象条件和耕作制度对叶螨种群消长影响很大。其繁殖危害的最适温度为 22～28℃，高温、干旱、少雨年份发生较重。大雨冲刷可使螨量快速减少。麦套玉米面积扩大，由于麦季食料充足，有利于叶螨的大量繁殖。

二斑叶螨每年繁殖 10～20 代，主要以受精的雌成螨群集越冬，越冬场所也是杂草根际、土缝内或棉田枯枝落叶下。春季出蛰后在杂草、春作物上取食产卵。玉米是二斑叶螨的重要寄主。在宁夏，7 月上中旬开始危害玉米下部 1～3 叶片，逐渐向上部叶片蔓延，可持续危害到 9 月上旬。秋末因短日照而引起滞育，滞育个体进入越冬场所。靠近村庄、果园、温室的田块，附近杂草多的田块受害早而重。小麦套玉米的田块比单种玉米的田块发生重，小麦套种玉米并间作大豆的田块发生更重。

截形叶螨的雌成螨在禾草根际或土缝中群集越冬，早春出蛰后先在杂草上取食繁殖。玉米出苗后，陆续转移取食，多栖息在叶片背面主脉两侧。高温干燥时，螨量迅速增长。春玉米和地膜玉米发生较多。

【防治方法】

1）栽培防治。秋收后清除田间玉米秸秆、枯枝落叶等植物残体，深翻土地，将土壤表层越冬虫体翻入深层致死。实行冬灌，早春清除田间地边和沟渠旁杂草，以减少叶螨越冬和繁殖存活的场所。在作物生长期间，适时进行中耕除草和灌溉。在玉米大喇叭期增施速效肥，增强抗螨能力，减轻损失。及时摘除玉米下部1~5片发虫叶片，带至田外烧毁。玉米要尽量避免与豆类、棉花、瓜菜等叶螨喜食作物间作套种，有条件的地方应推行水旱轮作。在重发生区应种植抗旱性强的抗螨玉米品种。

2）药剂防治。加强田间监测，及时在叶螨点片发生的初期阶段用药。可选用的药剂有1.8%阿维菌素（齐螨素）乳油1000~2000倍液、20%双甲脒（螨克）乳油1000~1500倍液、73%炔螨特（克螨特）乳油2500倍液、50%溴螨酯（螨代治）乳油2000~3000倍液、5%噻螨酮（尼索朗）乳油2000倍液、20%甲氰菊酯乳油2000倍液、34%柴油·达螨灵乳油（杀螨利果）1500倍液、40%乐果乳油1500倍液、20%四螨嗪悬浮剂2000倍液，或5%唑螨酯悬浮剂2000倍液等。喷药要细致周到，重点是中、下部叶片的背面。

附录　常见计量单位名称与符号对照表

量 的 名 称	单 位 名 称	单 位 符 号
长度	千米	km
	米	m
	厘米	cm
	毫米	mm
面积	公顷	ha
	平方千米（平方公里）	km^2
	平方米	m^2
体积	立方米	m^3
	升	L
	毫升	mL
质量	吨	t
	千克（公斤）	kg
	克	g
	毫克	mg
物质的量	摩尔	mol
时间	小时	h
	分	min
	秒	s
温度	摄氏度	℃
平面角	度	(°)
能量，热量	兆焦	MJ
	千焦	kJ
	焦［耳］	J
功率	瓦［特］	W
	千瓦［特］	kW
电压	伏［特］	V
压力，压强	帕［斯卡］	Pa
电流	安［培］	A

参考文献

[1] 白金铠. 杂粮作物病害 [M]. 北京：中国农业出版社，1997.
[2] 陈立玲，张庆贺，薛争，等. 吉林省玉米螟生物防治现状与展望 [J]. 中国生物防治学报，2015，31 (4)：561-567.
[3] 江幸福，罗礼智，姜玉英，等. 二点委夜蛾发生为害特点及暴发原因初探 [J]. 植物保护，2011，37 (6)：130-133.
[4] 江幸福，张蕾，程云霞，等. 我国粘虫研究现状及发展趋势 [J]. 应用昆虫学报，2014，51 (4)：881-889.
[5] 刘庆奎，秦子惠，张小利，等. 中国玉米灰斑病病原菌的鉴定及其基本特征研究 [J]. 中国农业科学，2013，46 (19)：4044-4057.
[6] 陆晴，佘花娣，佟文悦. 应用白僵菌防治玉米螟的研究进展 [J]. 河北农业科学，2013，17 (5)：59-62.
[7] 秦子惠，任旭，江凯，等. 我国玉米穗腐病致病镰孢种群及禾谷镰孢复合种的鉴定 [J]. 植物保护学报，2014，41 (5)：589-596.
[8] 田耀加，赵守光，张晶，等. 中国玉米锈病研究进展 [J]. 中国农学通报，2014，30 (4)：226-231.
[9] 王晓鸣，巩双印，柳家友，等. 玉米叶斑病药剂防控技术探索 [J]. 作物杂志，2015 (3)：150-154.
[10] 王振华，姜艳喜，王立丰，等. 玉米丝黑穗病的研究进展 [J]. 玉米科学，2002，10 (4)：61-64.
[11] 徐秀德，董怀玉，赵琦，等. 我国玉米新病害顶腐病的研究初报 [J]. 植物病理学报，2001，31 (2)：130-134.
[12] 张爱红，陈丹，田兰芝，等. 我国玉米病毒病的种类和病毒鉴定技术 [J]. 玉米科学，2010，18 (6)：127-132.
[13] 周文亮，程伟东，许鸿源，等. 玉米纹枯病的研究现状及问题 [J]. 中国农学通报，2005，21 (6)：331-336.